"十三五"国家重点图书出版规划项目

说三农书系

画说棚室辣（甜）椒绿色生产技术

中国农业科学院组织编写

李宗珍　编著

中国农业科学技术出版社

图书在版编目（CIP）数据

画说棚室辣（甜）椒绿色生产技术 / 李宗珍编著 . —— 北京：中国农业科学技术出版社，2019.1
ISBN 978-7-5116-3781-9

Ⅰ . ①画… Ⅱ . ①李… Ⅲ . ①辣椒-温室栽培-图解
②甜辣椒-温室栽培-图解 Ⅳ . ① S626.5-64

中国版本图书馆 CIP 数据核字 (2018) 第 147027 号

责任编辑	闫庆健 陶 莲
责任校对	马广洋
出 版 者	中国农业科学技术出版社
	北京市中关村南大街 12 号　邮编：100081
电　　话	（010）82109708（编辑室）（010）82109702（发行部）
	（010）82109709（读者服务部）
传　　真	（010）82106650
网　　址	http://www.castp.cn
经 销 者	各地新华书店
印 刷 者	北京富泰印刷有限责任公司
开　　本	880mm×1 230mm　1 /32
印　　张	5.25
字　　数	151 千字
版　　次	2019 年 1 月第 1 版　2019 年 1 月第 1 次印刷
定　　价	36.00 元

编委会

《画说『三农』书系》

主　任　张合成

副主任　李金祥　　王汉中　　贾广东

委　员

贾敬敦	杨雄年	王守聪	范　军
高士军	任天志	贡锡锋	王述民
冯东昕	杨永坤	刘春明	孙日飞
秦玉昌	王加启	戴小枫	袁龙江
周清波	孙　坦	汪飞杰	王东阳
程式华	陈万权	曹永生	殷　宏
陈巧敏	骆建忠	张应禄	李志平

序言

《画说『三农』书系》

农业、农村和农民问题，是关系国计民生的根本性问题。农业强不强、农村美不美、农民富不富，决定着亿万农民的获得感和幸福感，决定着我国全面小康社会的成色和社会主义现代化的质量。必须立足国情、农情，切实增强责任感、使命感和紧迫感，竭尽全力，以更大的决心、更明确的目标、更有力的举措推动农业全面升级、农村全面进步、农民全面发展，谱写乡村振兴的新篇章。

中国农业科学院是国家综合性农业科研机构，担负着全国农业重大基础与应用基础研究、应用研究和高新技术研究的任务，致力于解决我国农业及农村经济发展中战略性、全局性、关键性、基础性重大科技问题。根据习总书记"三个面向""两个一流""一个整体跃升"的指示精神，中国农业科学院面向世界农业科技前沿、面向国家重大需求、面向现代农业建设主战场，组织实施"科技创新工程"，加快建设世界一流学科和一流科研院所，勇攀高峰，率先跨越；牵头组建国家农业科技创新联盟，联合各级农业科研院所、高校、企业和农业生产组织，共同推动我国农业

科技整体跃升，为乡村振兴提供强大的科技支撑。

组织编写《画说"三农"书系》，是中国农业科学院在新时代加快普及现代农业科技知识，帮助农民职业化发展的重要举措。我们在全国范围遴选优秀专家，组织编写农民朋友用得上、喜欢看的系列图书，图文并茂展示先进、实用的农业科技知识，希望能为农民朋友提升技能、发展产业、振兴乡村做出贡献。

中国农业科学院党组书记 张合成

2018 年 10 月 1 日

内容提要

《画说棚室辣（甜）椒绿色生产技术》

辣椒是我们的日常生活中一种重要的蔬菜和调味品，含有丰富的蛋白质、碳水化合物、钙、磷、铁，还含有极为丰富的维生素 C。经常食用辣椒，尤其是青椒，可以为人体补充丰富的营养物质。

辣椒也具有重要的经济价值。自 20 世纪 90 年代以来，随着人们对辣椒食用与开发价值认识的不断提高，辣椒及其制品在国际市场上十分走俏，迅速发展成为全世界消费量最大的蔬菜之一，并逐步成为重要的天然色素、制药原料和其他工业原料。我国是世界上最大的辣椒种植国，年种植面积达 130 万~160 万公顷，占世界辣椒种植面积的 35%，尤其是设施辣椒种植面积逐年增加，辣椒的设施栽培具有高效益、高产出的特点，可以有效协调农业资源、环境和发展的关系，近几年来发展迅速，已经成为增加农民收入，调整产业结构的首选。

近年来，广大消费者的健康意识越来越强，开始追求绿色、有机的无公害食品。而种植户的绿色生产观念还比较模糊，因此依据生产发展和市场需求，特编写《画说棚室辣（甜）椒绿色生产技术》，全书总共 7 章，主要内容包括辣椒的由来，辣椒生产现状，辣椒的形态特征和生长发育的环境条件，辣椒的棚室选址与建造，辣椒品

种选购与优良品种介绍，辣椒育苗技术，辣椒不同茬口塑料大棚栽培技术，辣椒不同茬口日光温室栽培技术，辣椒嫁接栽培技术，辣椒病虫害防治技术等。

《画说棚室辣（甜）椒绿色生产技术》受到了潍坊科技学院和"十三五"山东省高等学校重点实验室设施园艺实验室的项目支持，在此表示感谢！

目 录

第一章 绪论

辣椒，茄科辣椒属。一年生或有限多年生草本植物，又名番椒、海椒、辣子、辣角、秦椒等，因果皮含有辣椒素而有辣味。果实为食用部分，通常呈圆锥形或长圆形，含有丰富的维生素 C、辣椒素和辣椒红素，未成熟时呈绿色，成熟后变成鲜红色、黄色或紫色，以红色最为常见。果实既可做蔬菜生食或炒食，又可做成辣椒酱、辣椒条、辣椒粉等调味品，不仅能促进食欲，还有一定的食疗作用，尤其近年不断发展的生物化学和营养学，认为它可以促进体内蓄积脂肪的"燃烧"，达到使人减肥的目的，故辣椒更成为人们不可缺少的蔬菜。

我国的气候条件适于辣椒生长，辣椒在我国南北方各地均有栽培，四季皆有供应，尤其是日光温室和塑料大棚等栽培设施的发展，辣椒的栽培面积不断增大，栽培季节也发生了较大变化，目前已成为世界上最大的辣椒种植国，辣椒的年种植面积为 130 万~160 万公顷，占世界辣椒种植面积的 35%，由于设施栽培具有高效益、高产出的特点，可以有效协调农业资源、环境和发展的关系，近几年来发展迅速，已经成为增加农民收入，调整产业结构的首选。

第一节 辣椒的由来、起源与传播

辣椒是人类种植的最古老的农作物之一，辣椒起源于中南美洲热带地区的墨西哥、秘鲁等地，栽培历史极其悠久，秘鲁中部山区在公元前 8000 - 前 7500 年即有栽培。在很长一段时间，辣椒一直在中南美洲广泛栽培，直到 15 世纪末，哥伦布到达美洲，将辣椒带回了欧洲，1493 年辣椒传入西班牙，1548 年传到英国，至 16 世纪中叶辣椒已经风靡整个欧洲；旋即，西班牙人把辣椒传入了印度，明朝末年引入中国，17世纪辣椒传入东南亚各国。

关于辣椒传入中国的途径，目前观点可以分为两派：一说辣椒经由西北丝绸之路从甘肃、陕西传入中国，故有"秦椒"之称。另一种说法是辣椒与郑和下西洋有关系，是从东南沿海的云南、广东、广西壮族自治区（以下简称广西）等地最先传入的。现云南西双版纳原始森林里仍有半野生型的"小米椒"。

辣椒引入中国的具体时间目前还无定论，关于辣椒的最早记载是明代高濂撰写的《遵生八笺》，有"番椒丛生，白花，果俨似秃笔头，味辣，色红，甚可观"的描述；明朝王象晋撰《群芳谱》（1621年成书）中也有"番椒""秦椒"的记载，而后在《花镜》《本草纲目·拾遗》等文献中，辣椒开始以番椒、秦椒、地胡椒、斑椒、狗椒、黔椒、辣枚、海椒、辣子、茄椒、辣角等名字频频出现。

从《遵生八笺》对辣椒的描述可以看出，辣椒传入中国之初是用来观赏的，直到清乾隆年间，辣椒才开始作为一种蔬菜被食用。而辣椒作为调料则在康熙十年（1671年）《（浙江）山阴县志》记："辣茄，红色，状如菱，可以代椒。"此后，1688年陈淏子所撰《花镜》也有辣椒作为调味料的记载："番椒，一名海风藤，俗名辣茄。本高一二尺，丛生白花，秋深结子，俨如秃笔头，倒垂，初绿后朱红，悬挂可观。其味最辣，人多采用。研极细，冬月取以代胡椒。收子待来春再种。"

辣椒一名始见于乾隆二十九年的《柳州府志》。清嘉庆十八年（1813）章穆纂述的《调疾饮食辨》中有"近数十年，群嗜一物名辣枚，又名辣椒，初青后赤，味辛、辣如火，食之令人唇舌作肿…"到19世纪中叶，辣椒已"处处有之，江西、湖南、黔、蜀以为蔬"《植物名实图考》（1848年吴其睿撰）；遵义等地则谓之"园蔬要品，每味不离"[道光二十一年（1841年）《遵义府志》]。到清朝末期，辣椒种类有大小之分、迟早之别，至于种名则不能屈指以数。辣椒传入中国迄今不到400年，但它在前200年里即已红遍全中国，给中国的饮食文化带来了一场革命性的改变。

第二节　辣椒生产的重要性

辣椒是我国人民喜食的一种蔬菜，随着高效农业的推进，我国辣椒生产迅速发展，种植面积已跃居蔬菜作物第二位，仅次于白菜，产值和效益则居蔬菜作物之首。辣椒已成为最具良好发展前景的经济作物之一，其适应性广、营养丰富、产业链长，受到世界各国的高度重视。

辣椒是我国人民生活中的一种重要的蔬菜。全国各地无不嗜辣，有道是"江西不怕辣，四川辣不怕，湖南怕不辣"。四川、湖南、湖北、贵州等地是有名的嗜辣重辣区；北京、山东、山西、陕西、甘肃、青海、新疆维吾尔自治区（以下简称新疆）等为微辣区；包括上海、江苏、浙江、福建等地也开始吃辣，成为新的淡辣区。全国有 20 多个省都有辣椒栽培，其中年种植面积超过 100 万每亩的省有贵州、江西、湖南、海南、四川、河北、陕西和湖北等 8 个省。所以说辣椒是我国人民生活中一种不可或缺的蔬菜。

辣椒是一种重要的经济作物，由于辣椒的适应性广，已成为我国多个县市的主要经济支柱作物。据统计，全国有 160 多个县市，如贵州省遵义、绥阳，重庆石柱，河北鸡泽、望都，湖南湘西，云南的邱北，陕西宝鸡，河南清丰，江西永丰，甘肃省的甘谷县和武山县等地将辣椒作为当地的主要经济作物和重要经济来源。

辣椒具有丰富的营养及食疗保健作用。辣椒中含有能维持人体正常生理机能和增强人体抗性和活动的多种化学物质对人类某些疾病有一定的疗效，辣椒果实中含有丰富的蛋白质、糖、有机酸、维生素及钙、磷、铁等矿物质，其中维生素 C 含量为蔬菜之首，胡萝卜素含量也较多，还含有辣椒素，辣椒红色素等。辣椒可以佐膳，辣椒强烈的香辣味能刺激唾液和胃液的分泌，增加食欲，促进肠道蠕动，帮助消化；能够通过发汗而降低体温，并缓解肌肉疼痛，因此具有较强的解热镇痛作用，还可以促进血液循环，驱寒解表，活络生肌，此外还有预防结石，降低血糖，改善心脏功能，燃脂减肥等功效。除了鲜食，辣椒还可制成辣椒干、辣椒粉、辣椒酱、辣椒油、泡辣椒等（图 1-2-1），极大地丰富了人们的饮食结构。

1. 辣椒油　　　　　　　2. 泡椒　　　　　　　3. 辣椒酱

图 1-2-1　各种辣椒制品

辣椒也可作为工业原料，在食品、医药、保健、化工等领域发挥重要作用。辣椒的提取物主要有辣椒油树脂、辣椒素、辣椒红色素等（图 1-2-2），辣椒素作为辣椒的主要成分，是一种很好的营养物质，具有促进机体能量代谢的作用，具有理想的镇痛消炎、通经活络作用，已被广泛应用于治疗风湿、跌打损伤、杀菌消炎、健胃消食等多种药物的生产，此外辣椒素的生热作用还常被用于减肥保健领域；辣椒油树脂（辣椒精）在作为调味、着色、增香剂等用于食品工业上各种辣味食品的加工，包括方便面调料、火锅调料、汤料、辣椒酱、烧烤汁、辣泡菜、辣椒油、辣沙司、酸辣汁、香辣醋及快餐调味等，几乎涵盖了所有食品；随着人工合成色素的毒性和不良影响不断被发现，其使用的种类和范围日趋缩小，辣椒红色素作为天然色素，色泽鲜艳，稳定性好，对人没有副作用，联合国粮农组织（FAO）和世界卫生组织（WDO）将辣椒红色素列为 A 类色素，在使用中不加以限量。根据中国食品卫生法，辣椒红色素可用于油性食品、调味汁、水产品加工、蔬菜制品、果冻、冰淇淋、烘烤食品等食品中，还可广泛应用于饲料、仿真食品、预防辐射、化妆品和制药业中。

随着辣椒生产不断发展，辣椒用途日益拓展，产品也朝着多样化方向发展。目前，全球辣椒和辣椒制品多达 1 000 余种，其贸易量超过了咖啡与茶叶，交易额近 300 亿美元。中国已成为世界上最大的辣椒生产国、消费国和出口国，因此，辣椒的高效栽培种植尤为重要。

| 1. 辣椒红色素 | 2. 辣椒碱 |

图 1-2-2 辣椒提取物

第三节 辣椒生产现状及存在的问题

一、我国辣椒生产现状

（一）辣椒种植面积及产值

辣椒产业相较其他蔬菜产业，无论从种植面积还是生产产值上讲，都走在前列，发展较为成熟。我国辣椒种植面积超过 130 万公顷，占世界辣椒种植面积的 35%；辣椒近 3 年平均年产量约为 2 800 万吨，占世界辣椒总产量的 46%；每年有超过 700 亿元的产值，占世界蔬菜总产值的 16.67%，辣椒产业已成为国内最大的蔬菜产业。从国内市场来看，鲜椒消费需求占主导地位，而且随着辣椒生产技术水平的不断提高，鲜椒消费量占辣椒消费总量的比重呈上升趋势；全国兼用型辣椒和菜椒（含甜椒）种植面积在 90 万公顷左右，占全国辣椒种植面积的 67.5%。产地辣椒专业市场快速集散，以贵州虾子镇、河南香花镇、河南柘城县、云南嫁依镇、河北鸡泽县、辽宁马友营、山东武城县和吉林洮南市为代表的辣椒专业批发市场已初具规模和影响。

（二）辣椒主产区

目前辣椒的生产，由分散生产向集中性规模化发展，在全国主要形成了六大产区。

1. 南方冬季辣椒北运主产区

主要包括海南、广东、广西、云南、福建等5省区利用天然气候优势生产辣椒，丰富了北方地区尤其是寒冷的冬季市场供应。主要栽培辣椒类型为线椒、绿皮羊角椒、黄皮羊角椒、灯笼形甜椒、泡椒、圆锥形甜椒等。

2. 京北及东北露地夏秋辣椒主产区

主要包括大同、张家口、承德、内蒙古自治区（以下简称内蒙古）赤峰、延庆及开鲁和东北三省，是我国夏秋季的北椒南运产地，利用夏季气候凉爽的特点生产辣椒，是京、津地区和东北各大城市夏秋淡季甜椒供应的主要来源，主要栽培类型为黄皮牛角椒、厚皮甜椒、彩椒。

3. 高海拔地区夏延时辣椒主产区

这一产区主要包括甘肃、新疆、山西、湖北长阳等，利用高原气候优势生产辣椒东运和南运，补充东部和南部地区的夏秋淡季甜椒的供应。辣椒类型为线椒、螺丝椒、厚皮甜椒、泡椒、干椒、牛角椒。

4. 湖南、贵州、四川和重庆嗜辣地区的小辣椒、高辣度辣椒主产区

湖南的攸县和宝庆；贵州的遵义、大方、花溪和独山；四川的宜宾、南充和宜昌；重庆的石柱。生产的辣椒主要以线椒、干椒、朝天椒、羊角椒为主。

5. 北方保护地辣椒生产区

设施蔬菜种植面积的快速增加及保护地栽培模式的多样化，使得辣椒在我国北方地区也实现了周年生产，供应市场。主要包括山东、河北、辽宁等华北地区温室、大棚辣椒种植面积增长迅速，

利用保护地设施优势成为春提前和秋延后的辣椒生产保障。

6. 华中产区

这一产区主要包括河南、安徽、河北南部、陕西等地区，主要为簇生朝天椒、干椒（鹰椒）和线椒类干椒主产区。

（三）辣椒栽培品种

20 世纪 80 年代初期开始，我国开始开展辣椒新品种选育研究工作，"六五"主要是以抗病毒为主的抗病育种，丰产、抗病；"七五""八五"期间，以选育优质、多抗新品种为主要目标；"九五"期间以优质、抗病毒、疫病为主；"十五"以保护地等专用品种的选育为主；"十一五"以保护地长季栽培和干制辣椒等专用品种的选育为主。"十二五"是我国辣椒遗传育种的关键时期，得到了国家"863"计划项目、科技支撑计划项目等科技部、农业部的科技立项支持。辣椒遗传育种研究蓬勃发展，取得了巨大成就；遗传机理研究活跃，育成的品种类型和数量大幅增长。生产上的辣椒品种已完成 3~4 代的更新，辣椒品种主要是杂种一代，以国内品种为主，比如，中椒系列、苏椒系列、甜杂系列、沈椒系列、辽椒系列和津椒系列等，品种的抗病性、产量及专用性水平不断提高。但在山东等辣椒种植基地，国外品种基本成为主流，而部分农村农民的零星种植和加工用的辣椒品种则主要是地方品种。地方品种的利用多采用"提纯复壮"的办法来保持品种的特征特性。在这些地区，还涌现出了一系列特色辣椒品种，如邱北辣椒、绥阳朝天椒、宝鸡线椒、鸡泽辣椒、益都红、天鹰椒、三樱椒等。对于加工辣椒，全国各地结合品牌建设，形成了湖南湘西的羊角椒、贵州遵义的朝天椒、四川的小海椒、陕西的线椒、河南的山鹰椒、东北的羊角椒等，辣椒的区域化、基地化、规模化生产形成，带来了全国产品大流通的新格局。

（四）辣椒产业

在辣椒生产的带动下，辣椒加工业发展迅速，辣椒加工企业不断涌现，规模较大的企业有 200 多家，并开发出油辣椒、剁辣椒、辣椒酱、辣椒油等 200 多个品种。辣椒系列加工制品表现出强劲的发展势头，成为食品行业中增幅最快的门类之一，有力地促进了我国辣椒产业的发展。在辣椒制品加工方面，以贵州和湖南最为突出，涌现出不少国内外知名的辣椒品牌，如"老干妈""老干爹""乡下妹""坛坛香""辣妹子"等（图 1-3-1）。

图 1-3-1　辣椒加工产品

二、我国辣椒种植中存在的问题

（一）辣椒生产的科技含量低

辣椒栽培技术对于辣椒品质至关重要，目前辣椒栽培技术较为粗放，高新技术推广普及的程度较差，辣椒生产方式主要是露地栽培，保护地栽培面积较小。在栽培技术应用方面，多数地方仍在沿用传统的、落后的辣椒栽培技术，种植户多年种植，习惯于凭借自身积累的种植经验，对种植的新技术接纳度不高而辣椒科学的种植方法和技术推广仍然主要依靠区级技术部门，新辣椒栽培技术未能大面积有效地推广和应用，从而限制了辣椒生产潜力的发挥。

（二）品种单一，上市集中

辣椒品种结构和种植方式过于单一，导致产量不高，品质不佳，尤其是适合大棚栽培的品种相对较少，又由于我国农产品信息化程度低，信息不灵，种植面积和产品销售主要靠市场进行调节，而市场存在极大的不确定性，加之供求信息不明，容易出现上市集中的局面，致使我国辣椒生产波动明显。

（三）育种水平有待提高

与发达国家相比，我国辣椒育种起步较晚，研究手段和深度都有较大的差距，在品种选育上，良种覆盖率较低，品种更新慢，抗灾害、抗市场风险能力不强，尚缺乏综合性状优良的辣椒品种，尤其是适于长季节栽培的资源以及适于设施栽培和机械化收获的资源较为短缺。另外从事辣椒育种的人员相对其他作物育种人员数量少，且分散在全国各地，育种水平良莠不齐，信息沟通不畅，不利于选育适应当地的辣椒品种。

国内自主品种同质化严重，遗传背景狭窄，大量假冒、伪劣种子充斥市场，同物异名现象普遍。国外品种占据了国内种业的一定比例，特别是北方长季节保护地甜椒和辣椒品种，国外品种占据了 80% 以上的面积。

（四）产业链不完善，缺乏深加工

我国辣椒产业链条很不完善，辣椒的产后服务滞后，产品销售主要靠市场进行调节，存在明显的产销脱节现象。虽然近年来，不少地方政府倡导成立了产业协会等组织，但大多比较松散，凝聚力不足，辣椒种植者、经纪人、商贩争利现象明显，整体产业组织化程度不高，不利我国辣椒产业的健康发展。

与辣椒新品种的选育及丰产栽培技术的研究相比，我国辣椒的加工研究开发明显滞后，很不适应现代产业发展需求，我国辣椒加工主要以粗加工和食品加工为主，主要产品为辣椒干、辣椒粉、辣椒片、辣椒酱、泡辣椒、剁辣椒等，在精深加工方面，深加工制品如辣椒色素、辣椒树脂、辣椒籽油、辣椒碱等生产较少，并且辣椒精深加工产品结构和类别单一，同质化严重，科技化含量低，不能有效提升优质原料资源的附加值，加工企业以小作坊和小企业居多，大企业与龙头企业少，也造成企业抗风险能力低，竞争力不强，组织管理综合水平不高。

第二章　辣椒栽培的生物学基础

第一节　辣椒的植物学特征

一、根

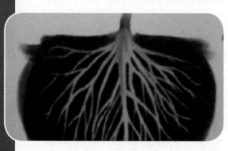

图 2-1-1　辣椒根

辣椒属浅根性植物，根群多分布在 30 厘米的耕层内，根系发育较弱，主根不发达，且木栓化程度较高，再生能力差，根量少，茎基部不易发生不定根（图2-1-1）。辣椒的根系不耐旱，又怕涝，对氧气要求严格。所以栽培时宜选择通气性良好的肥沃土壤。

二、茎

图 2-1-2　辣椒茎

茎直立，坚韧，黄绿色，具深绿色纵纹，也存在紫色纵纹，基部木质化，主茎较矮，多数品种分枝能力弱，一般为双叉状分枝，也有三叉分枝，具有 4~6 主枝之后有较强的顶端优势。生长型为有限无限分枝和有限分枝两类。无限生长型：植株一般比较高大，主茎长到 5~15 真叶时，顶芽分化成花芽，花蕾以下抽生 2~3 个侧枝，每分支枝隔 1~2 片真叶，顶端又形成花蕾，其下依次再抽生各级分支枝（图 2-1-2）；有限生长型植株较为矮小，主茎生长到一定叶数后顶端形成花簇封顶，其下腋芽抽生分枝，1~2 节后又形成花簇封顶分枝的叶腋还可抽生副侧枝，在侧枝和副侧枝的顶部又可形成花簇封顶，各种簇生椒类属于此类型。

三、叶片

单叶，互生，卵圆形、披针形或椭圆形，叶面光滑，全缘，长 4~13 厘米，宽 1.5~ 4 厘米，先端尖，基部狭楔形（图 2-1-3 ）。

图 2-1-3　辣椒叶

四、花

雌雄同花，多自花授粉，无限分枝类型的花多为单生花（图

图 2-1-4　辣椒花

2-1-4 ），有限分枝类型的花多为簇生花(3~5 朵簇生)，花冠白色或紫色，裂片卵形，花萼基部合生，萼片宿存，萼筒呈钟形，雄蕊 5~6 枚，长圆形，灰紫色，雌蕊 1 子房 2 室，少数 3 或 4 室，虫媒花。

五、果实

果实为浆果，由果皮和胎座组成，胎座不发达，形成较大的空腔，细长形果多为 2 室，圆形或灯笼形为 3~6 室，果皮肉质，未成熟时多为绿色，成熟后成红色、橙色或紫红色。无限分枝类型的品种果实多向下生长，有限分枝类型的品种果实多向上生长，果实形状多样，有锥形、短锥形、牛角形、长形、圆柱形、棱柱形等（图 2-1-5 ）。

图 2-1-5　辣椒果实

11

图2-1-6　辣椒种子

六、种子

扁平状，肾形，乳白色或淡黄色（图2-1-6），寿命3~7年，但使用周期一般为2~3年，胚珠弯曲，千粒重4.5~7.5克。

第二节　辣椒的生长发育周期

辣椒的生长发育规律是在长期的自然选择和人工选择下形成的，要想获得高产优质，就必须掌握辣椒的生长发育规律，满足其各个时期对环境条件的要求。辣椒的生长发育过程包括营养生长和生殖生长两个时期。营养生长与生殖生长之间有着密切的相互促进又相互制约的关系。辣椒营养生长过旺，则会推迟开花时期，并降低坐果率；而营养生长过弱，则不能提供辣椒开花结果所必需的养分，也会严重影响产量。所以要协调好辣椒营养生长与生殖生长的关系，才能达到高产的目。

一、营养生长期

（一）发芽期

从种子发芽到第一片真叶出现，一般为10天左右。此期幼根吸收能力很弱，养分主要靠种子供给。

（二）幼苗期

从第一片真叶出现到第一个花蕾产生为幼苗期。需50~60天时间。幼苗期分为两个阶段：2~3片真叶以前为基本营养生长阶段，这一时期新陈代谢非常旺盛，光合作用所产生的营养物质，除植株本身的呼吸外，几乎全部用于新生根、茎、叶的生长需要；4片真叶以后到开花前，营养生长与生殖生长同时进行。这一时期辣椒根、茎、叶进入生长旺盛阶段，光合作用的产物除满足本身的生长外，还有一个养分的积累过程，为以后的开花结果打下物质基础。

二、生殖生长期

辣椒进入生殖生长期后，营养生长并未停止，即本阶段是生殖生长与营养生长的并存期，是辣椒生长发育过程中生命最旺盛时期。

（一）花芽分化期

花芽分化是辣椒从营养生长过渡到生殖生长的形态标志。在辣椒幼苗在 3~4 片真叶时就开始进行花芽分化从花芽开始分化到开花约需 1 个月时间。

（二）开花期

一般是指从第一朵花开放开始，至第一朵花坐果结束。一般10~15 天。此期营养生长与生殖生长矛盾突出，主要通过水肥等措施调节生长与发育、营养生长与生殖生长、地上部与地下部生长的关系，达到生长与发育均衡。这一阶段也是辣椒制种的关键时期，它对外界环境的抗性较弱，对温度、湿度、光照的反应敏感.温度过高或过低、光照不足，或过干燥，都会影响辣椒的授粉、受精，并引起落花落果，进而影响制种产量。

（三）结果期

辣椒开花受精后至果实充分红熟、种子成熟的时期。此期经历时间较长，一般 50~120 天。结果期以生殖生长为主，并继续进行营养生长，需水需肥量很大。这一阶段是种子产量形成的重要时期。结果期，果实的膨大生长和种子的胚胎发育，都有赖于光合作用的产物从叶子不断运输到果实及种子中。

第三节 辣椒对生长环境条件的要求

辣椒原产热带，但在长期的自然选择和人工选择条件下，形成了独特的对外界环境条件的适应性，它喜温、耐旱、怕涝、喜光而又较耐弱光。在生产实践中，必须综合考虑各种因素对辣椒生长发育的影响，趋利避害，使各种条件能够协调发展，尽量为辣椒生长发育创造一个良好的环境条件，从而为制种高产奠定基础。

一、温度

辣椒属于喜温作物，辣椒生长发育温度范围在15~34℃，温度低于15℃时，生长发育受阻，生长极慢，不能坐果，低于12℃发芽不好或不能发芽，温度超过35℃，则落花落果，停止生长。

不同生长发育阶段，对温度的要求不同，种子发芽期的适宜温度为25~30℃，苗期的温度要求较高，白天25~30℃，晚上15~18℃，幼苗不耐低温要注意防寒。授粉结实以20~25℃的温度较适宜。低于10℃，难于授粉，易引起落花落果；高于35℃，由于花器发育不全或柱头干枯不能受精。

二、光照

辣椒对光照的适应性较广，一般说来，辣椒要求充足的光照，但它比其他果菜类更耐弱光。辣椒对光照的要求也依不同生育时期而有别。发芽时种子要求黑暗条件，在有光条件下往往发芽不良；幼苗期需良好的光照条件，苗期光照不足，可导致幼苗节间长、叶薄色淡、抗性差，光照充足，幼苗节间短，茎粗壮，叶片浓绿、肥厚，根系发达，抗逆性强，不易感病；开花结果期需充足的光照，光照充足有利于花器生长发育，光照不足则会引起落花落果。要防止光照强度过强，过强的光照会伴随高温影响辣椒的生长发育，当光照强度超过辣椒光饱和点30 000勒克斯时，易引起叶片干旱，生长发育受阻，因此在此期间降低日照强度会促进茎叶的生长，结果数增多，果实膨大快。辣椒对日照长短反应不敏感，只要温度适宜，营养条件好，光照时间的长短不会影响花芽分化和开花。但在较短的日照条件下，开花提早。当植株具1~4片真叶时，即可通过光周期的反应。

三、水分

辣椒在生长发育过程中所需水分相对较少，是茄果类蔬菜中较耐旱的作物，但品种类型不同，对水分要求有异，一般大果型品种需水量较多，小果型品种需水量较少。且各生长发育阶段的需水量也不相同，一般催芽前种子需浸水6~8天，过长或过短都不利于种子发芽。幼苗需水较少，如果土壤湿度过大，根系就会发育不良，导致植株生长纤弱，抗逆性差，易感病，或因土温较低出现萎根现象；定植后，辣椒的生长量加大，需水量增多，要适当浇水以满足植株生长发育的需要，但要控制水量，以利于地下根系生长，防止植株徒长。

初花期，植株生长量大，要增大供水量，满足开花、分枝的需要，但湿度过大会造成落花。果实膨大期，需要充足的水分，若供水不足，果实膨大缓慢，果面皱缩、弯曲，色泽暗淡，形成畸形果，降低种子的千粒重，但水分过多，又易导致落花、落果、烂果、死苗。空气湿度对辣椒生长发育亦有影响，空气湿度过湿容易产生病害，空气干燥对授粉受精和坐果不利。一般空气湿度在60%~80%时生长良好，坐果率高。

四、养分

辣椒对养分的要求较高，辣椒对氮、磷、钾三要素需求量高，其中对氮的需求最多，其次是钾、磷，此外还需要吸收钙、镁、铁、钼、锰、硼等多种微量元素。氮素助于叶绿素的形成，只有供给充足的氮肥，植株才长得旺盛，但若偏施氮肥，缺乏磷、钾肥，则会使植株徒长，并易感染病害。磷能促进植株的生长，施用足量磷肥能促进辣椒根系发育及花芽分化，提早开花结果。钾肥是影响种子千粒重的重要因素，充足的钾肥能提高植株的抗旱、抗寒、抗倒伏、耐盐碱、抗病虫害等能力促进辣椒茎秆健壮和果实

的膨大，提高产量、改进产品品质。镁是组成叶绿素的重要元素，镁可减少病毒侵入。

在不同的生长时期辣椒对各种营养物质的需要量不同。幼苗期需肥量较少，但养分要全面，否则会妨碍花芽分化，推迟开花和减少花数；初花期多施氮素肥料，会引起徒长而导致落花落果，枝叶嫩弱，诱发病害；结果以后则需供给充足的氮、磷、钾养分，增加种子的千粒重。

五、土壤

辣椒对土壤的要求不严格，在砂壤土、黏壤土或壤土等各种类型的土壤中都可以生长，大果型肉质较厚的品种对土壤要求较高，须栽培在土层深厚肥沃的土壤上才能获得高产。辣椒的根系对氧气的要求较高，宜在富含有机质及透气性良好的沙壤土中种植。辣椒对土壤的酸碱性较为敏感，在中性或微酸性（pH 值6.2~7.2）的土壤上生长良好。

第三章　辣椒棚室的选址与建造

我国是世界温室起源最早的国家。自汉代就已经开始用温室种植葱、韭等蔬菜，到唐代开始利用温室种植瓜类和花卉。西方温室产业起源于17世纪的荷兰，而我国的近代温室则开始于20世纪30年代的冬季不加温"日光温室"，大规模的温室生产则在20世纪70年代末和80年代初开始，通过第一次大量的温室引进揭开了我国现代化温室生产、研究和应用的序幕。目前利用高科技技术可以对温室内的温度、光照、湿度、CO_2、施肥等各种环境因子，进行调节和控制，根据生产作物的生长习性和市场的需要，部分甚至完全摆脱自然环境的约束，人为创造适宜作物生长的最佳环境，生产出高品质、高产量的产品，以满足不同消费群体的需要。经过20余年的历程，在引进、消化吸收的基础上，我国温室生产面积（包括日光温室、塑料大棚）已达到120万公顷，跃居世界第一，在温室产品生产、实际应用和配套技术研究方面都得到了长足的发展，形成了不同档次、不同系列化的温室产品，初步形成了一定的产业规模，成为我国"菜篮子工程"的"主力军"。

以采光覆盖材料作为全部或部分围护结构材料，可供冬季或其他不适宜露地植物生长的季节栽培植物的建筑统称为温室。辣椒棚室是进行辣椒生产的绿色工厂，是一种投资成本高、使用年限长的固定设施，一旦建成将难以进行二次更改，因此，在进行辣椒棚室的建造时，必须因地制宜，建造科学合理的棚室。

第一节　辣椒棚室的选址

辣椒棚室的建造位置对于辣椒的丰产至关重要，直接影响以后的辣椒生产和种植效益。棚室的选址通常包括场地的选择和方位选择两个方面。

一、棚室场地的选择

辣椒的品质、产量等与辣椒棚室的环境息息相关，在建造棚室时必须考虑棚室的各种生态因子如光照、土壤、温度、水等是否适合辣椒的生长。

（一）光照条件

良好的光照条件是辣椒进行光合作用的必备因素，所以在进行温室大棚选址时一定要考虑当地的光照条件，要选择光照条件优良的地块，大棚的前面、东西两侧无高大建筑物、无烟尘较多的厂矿、树林、山峰等地块建棚为宜，以免造成遮阴，影响辣椒生长。

（二）土壤条件

棚室的土壤必须有利于地温的提高，一般黑色沙壤土吸收光热的能力强，容易提高地温，是建造塑料大棚的好土壤；同时土层要深厚，土壤耕作层不宜过浅，至少在 40 厘米以上，有机质含量高，通透性好。土质忌过黏、过酸、过碱，同时要注意地块地势，不要建在涝洼地，在雨季涝洼地容易因排水不畅发生内涝，造成棚内湿度大，易引发病害。同时还要考虑土壤的地下水位，地下水位高，土壤含水量大，不利于地温的提高，也容易增加棚内的相对湿度，易导致病害的发生。

（三）通风条件

棚室要建在通风良好的地方，为满足辣椒的生长，棚室需要经常通风，如果建在窝风的地方，就不利于大棚的通风换气，妨碍辣椒的生长发育。但也不要建在风口上，在风口上，既不利于棚室的保温，也容易发自然灾害，造成损失。

（四）水源问题

棚室在扣棚之后无法接受自然降水，为满足蔬菜生长的需要，必须靠人工浇灌来补充水分，所以棚室要建在有充足的没有污染的水源旁边，并且开好沟、渠，便于引水、排水。有条件的地方，每座大棚还可安装一个供水龙头或配备喷灌设施。

除以上条件，还应该注意棚室所在地的地形，最好建在平坦开阔，东、西、南三面无高大树木、建筑物、山峰等遮阳，北部有天然屏障即北高南低的地方。此外，棚室尽量建在交通便利的地方，方便运输和产地市场的建立，但是要与主干道保持一定的距离（100米以上为宜），防止汽车尾气引起的废气、重金属及粉尘污染。

二、棚室方位的确定

棚室方位即棚室屋脊的走向。确定合理的大棚方位，有利于提高辣椒棚室的采光保温性能，各地应根据当地的地理位置和气候特点，确定合理的棚室方位和屋面角。我国北方地区的辣椒棚室主要是冬、春、秋三季使用，而冬季太阳高度角低，日出在东南方向，日落在西南方向，为了使温室能够在冬季光照良好，其建造方位都是坐北朝南、东西延长，采光面朝向正南或南偏东5°左右的方位以充分采光，有利于晴天日光温室后屋面的保温蓄热，从而提高夜间日光温室的气温和地温。高纬度寒冷地区以正南偏西5°为宜，每天中午太阳光线与前棚垂直，冬季大棚光照时间最长，储热最多，利于蔬菜生长。屋面角设计应在20°以上，以保证冬至前北墙体阳光直射时间最长。

若建立大棚群，要确定两排棚室的间距：以冬至前后前排温室不对后排温室构成明显遮光为准，使后排温室在日照最短的冬至前后每天也需保证6天以上的光照时间，当棚向南北延长时，两棚东西间的距离等于棚的高度为宜；棚向为东西延长时，两棚头间的距离最好等于棚的高度，前后两棚之间的距离应是棚高的1.5~2倍，有利运输和通风，避免遮阴。

温室生产应统一规划，合理布局，设计共同的通道，水道等公用设施，每10排温室，留一东西方向5~8米交通干道，下埋地下防渗灌水管道，以便大型运输车辆行驶，东西两排温室一般留 3~5 米南北方向的通道，便于埋设管道，运输等田间操作。在留足通道的同时，每个温室的一侧加盖一间小屋，作为缓冲间，既可减少冷风直接进入温室，又可做工作间存放物品和看护之用。

第二节　辣椒棚室类型与建造

棚室由于使用功能、建筑造型与平面布局、覆盖材料等方面的不同，有各种各样的结构形式和命名方式，同一个棚室从不同的角度、按不同的方法也可分为不同的类型。目前我国种植辣椒常用的设施主要是塑料拱棚和日光温室。

一、辣椒棚室类型

（一）塑料拱棚

拱棚是指有拱形骨架（多用竹、木、水泥或钢材做骨架），四面无墙体，采用塑料薄膜覆盖的栽培设施，是进行春季提前和秋季延迟辣椒栽培的常用设施，根据其跨度的大小，又可分为小拱棚、中拱棚、塑料大棚。

1. 小拱棚

主要用于春季提前和秋季延迟辣椒的栽培，由支撑材料及塑料薄膜组成（图 3-2-1）。支撑材料常用毛竹片、细竹竿、荆条或直径 6~8 毫米的钢筋，弯成弓形，塑料薄膜常为聚氯乙烯或聚乙烯薄膜，小拱棚通常宽 1~3 米，高 0.5~1.5 米，长 5~10 米。根据小拱棚的形状，又可分为以下三类。

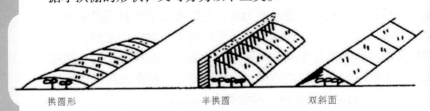

拱圆形　　　　　　半拱圆　　　　　双斜面

图 3-2-1　小拱棚

（1）拱圆式小拱棚。骨架为半圆形，是生产上应用最多、最早的一种棚型，多以竹片做骨架。棚架高 1.2~1.5 米，宽 1.5~2.0

米，长度 30~50 米，按棚的宽度将竹片两头插入地下，形成圆拱，拱杆间距 50~100 厘米。

（2）半拱圆小拱棚。棚架为拱圆形小棚的一半，高度为 1.1~1.3 米，跨度为 2~2.5 米，多东西延长，北面有长度约为 1 米的土墙，南面为半拱圆的棚面，拱架一端固定在土墙上，另一端插在畦南侧土中，这种小拱棚一般为无柱棚，跨度大时，中间可设 1~2 排立柱，以支撑由于雨、雪及防寒保温覆盖物等所构成的负荷。放风口设在棚的南面腰部，采用扒缝放风。

（3）双斜面小拱棚。又称三角棚，棚面成屋脊形或三角形。棚架方向东西、南北延长均可，但南北方向的棚内光照均匀。这种棚适用于风少、多雨的南方，中间设一排立柱，两侧用竹竿斜立绑成三角形，可在平地立棚架，棚高 1~1.2 米，宽 1.5~2 米。也可在棚的四周筑起高 30 厘米左右的畦框，在畦上立棚架，覆盖薄膜即成，一般不覆盖草苫。

（4）单斜面覆盖小拱棚。北面筑 1 米高的土墙，南面成一面坡形覆盖。

（5）改良阳畦。北面筑 1 米左右高土墙，墙前设一排立柱．加盖后屋面，南面拱圆形覆盖薄膜。

小拱棚的气温变化剧烈，增温速度较快，最大增温能力可达 20℃左右，在高温季节容易造成高温危害；但降温速度也快，有草苫覆盖的半拱圆形小棚的保温能力仅有 6~12℃。小拱棚内地温变化与气温变化相似，但不如气温剧烈。一般棚内地温比露地高 5~6℃。棚内相对湿度可达 70%~100%；白天通风时，相对湿度可保持在 40%~60%，平均比外界高 20%左右。

2. 中拱棚

是小棚和大棚的中间类型，没有加温设备、靠日光增温，人可在棚内直立操作，主要为拱圆形结构。跨度 3~6 米，中高 1.3~2.3 米，长度可根据需要确定。根据中棚跨度的大小和拱架材料的强度，确定是否设立柱。中拱棚根据所用架材和支柱可分为如下几类。

（1）竹木结构中棚。这种中棚的支架均为竹竿、竹片或木

21

杆组成。根据中间支柱的多少又分为单排柱竹木结构中棚和双排柱竹木结构中绷两种。单排柱竹木结构中棚的跨度为 3~7 米，中高 1.5~1.8 米，长 10 米左右。拱杆间距 60~100 厘米。拱杆多用竹片或细竹竿做成，每 1~3 个拱杆下设一支柱，棚中间仅设一排支柱，故称为单排柱中棚。双排柱竹木结构中棚与单排柱中棚基本相同。因其所利用的拱杆竹片、立柱杆较细小，单排支柱不足以胜任支撑强度时，为加强其稳固性，而增加一排支柱。

（2）钢架结构中棚。中棚的支架全部或一部用钢材组成的中棚为钢架结构中棚。根据所用的材料规格和支柱的有无，又可分为无柱中棚和有柱中棚两种。无柱中棚的拱杆钢材较粗壮，一般用直径 15~20 毫米的钢管或直径 20 毫米的圆钢弯成拱圆形，棚中间不设立柱。当利用的钢材规格较小，如直径 16 毫米以下的钢筋作拱杆时，则需建造有柱钢架中柱。

中拱棚的性能与塑料小拱棚基本相似，由于其空间大、热容量大，故内部气温比小拱棚稳定，日较差稍小，温度条件稍优于小拱棚，但比塑料大棚稍差，可在冬季为大棚栽培育苗。塑料中棚的建造容易，拆装方便，可作为永久性设施，亦可作临时性保护设施，成本不高，因此，在国内栽培面积十分大。

3. 双层拱棚

双层拱棚经常用来进行秋延迟辣椒的栽培，可以使辣椒的供应延长到元旦、春节。双层拱棚是由内外 2 层拱棚组成。一般外层拱棚跨度为 5~6 米，拱高 1.8 米，长度 80~120 米。常用竹木作为骨架材料，也可用水泥预制骨架或钢筋骨架代替竹竿拱架。内层拱棚一般是顶高为 80 厘米，宽为 1.8~2 厘米的小拱棚，拱棚间留 40~50 厘米宽的人行道。

4. 塑料大棚

塑料大棚又称塑料棚温室，是在塑料中、小拱棚基础上发展起来的一种大型拱棚。塑料大棚跨度一般 6~12 米，脊高 2.2~3.5 米，主要由骨架和透明覆盖材料组成，棚膜覆盖在大棚骨架上。大棚骨架由立柱、拱杆（架）、拉杆（纵梁）、压杆（压膜绳）等部件组成。棚膜一般采用塑料薄膜，目前生产中常用的有聚氯乙烯（PVC）、聚乙烯（PE），此外还配备手动卷膜机构和滴灌系统，在北方地区还配置加温系统。它与日光温室相比，具有结构简单、建造和拆装方便，一次性投资较少等优点；与中小棚相比，又具有坚固耐用，使用寿命长，棚体空间大，采光性能好，光照分布均匀，作业方便及有利作物生长，便于环境调控等优点。

　　塑料大棚类型较多，其分类形式主要有三种。按棚顶形式可分为拱圆形棚、屋脊形棚两种。屋脊型对建造材料，抗载能力要求较高，而拱圆形大棚对建造材料要求较低，具有较强的抗风和承载能力，目前运用较广；按连接方式可分为单栋大棚和连栋大棚两种。单栋大棚采光性好，但保温性较差；连栋大棚是用2栋或2栋以上单栋大棚连接而成，棚体大，保温性能好，方便进行机械化作业；按骨架材料类型可以分为：竹木结构大棚、钢筋焊接结构、钢筋混凝土、装配式镀锌钢管结构大棚等。

　　（1）竹木结构单栋拱形大棚。竹木结构式塑料大棚是大棚建造的原始类型（图3-2-2），骨架全部采用竹木建成，用于春、秋、冬长季节栽培，也是目前生产上使用较多的大棚，因为竹木式大棚有利于就地取材，适用范围广，选材容易，造价低，容易建造。这种大棚的跨度一般

图3-2-2　竹木结构单栋拱形大棚

为6~12米，高2.4~2.6米，长度根据地块决定，一般在30~100米，拱杆间距1~1.1米，由立柱（竹、木或水泥预制件）、拱杆、拉杆、吊柱（悬柱）、棚膜、压杆（或压膜线）和地锚等构成。大棚两端各设供出入用的大门，顶部设出气天窗，两侧设进气侧窗。相比较其他材料，竹木易腐朽，立柱多造成遮光严重，寿命较短，使用年限一般仅2~3年。

　　（2）钢架结构单栋大棚。钢架大棚采用钢管进行建造，以镀锌钢管为拱架，采用拱圆形结构，一般跨度10~12米，矢高2.5~2.7米，每隔1米设一道桁架，相对原先简单的竹木结构大棚

图 3-2-3　钢架结构单栋大棚

来说，质量更稳固（图 3-2-3）。因骨架结构不同可分为：单梁拱架、双梁平面拱架、三角形（由三根钢筋组成）拱架。这类大棚其特点是强度大，钢性好，坚固耐用，抵灾抗灾能力强，使用年限可长达 10 年以上，中间无柱或只有少量支柱，空间大，便于作物生育和人工作业，虽然用钢才较多，成本较高，但是折旧率低。钢架大棚需注意维修保养，每隔 2~3 年应涂防锈漆，防止锈蚀。

（3）钢竹混合结构塑料大棚。钢竹混合结构大棚骨架以毛竹为主，钢材为辅（图 3-2-4）。毛竹经过了特殊的工艺处理（蒸煮烘烤、脱水、防腐、防蛀等），

图 3-2-4　钢竹混合结构塑料大棚

其坚韧度等性能达到与钢质相当的程度。毛竹作为大棚框架主体架构材料，而大棚内部的接合点、弯曲处采用全钢片和钢钉连接、铆合，这样组合提高了大棚肩高，扩展了大棚空间，使大棚两侧土地均能够充分利用；应用证明，这类大棚的抗风、雪、采光率、保温等性能可与全钢架、塑钢架大棚相媲美，使用寿命可达 6~8 年。

（4）钢筋混凝土结构塑料大棚。采用钢筋混凝土做主拱架

图 3-2-5　钢筋混凝土结构塑料大棚

及支柱，用地锚钢绞线与主拱架、竹木副拱架、塑料棚膜、压膜线共同织成网状复合结构（图 3-2-5）。为了克服钢筋焊接桁架结构防腐能力差的问题而提出，其跨度一般不大于 12 米，混凝土结构的抗压能

力较强，这种结构一般在工厂生产。

（5）钢管装配式塑料大棚。钢管装配式大棚多采用热浸镀锌的薄壁钢管为骨架建造而成（图3-2-6）。普遍使用的棚型规格为宽6~8米、高2~3.6米、长30~100米的单栋拱棚。大棚骨架由直径25毫米，厚2.0~2.5毫米薄壁钢管构成；整个棚体通过装配组成，拆卸安装方便；大棚配备卷膜机和压膜线，便于通风管理；棚肩高1.5~1.8米，门宽1~2米，可进行机械作业；主要零部件均采用热镀锌处理，可防锈蚀，使用寿命一般为15~20年。

图3-2-6 热浸镀锌钢管装配式塑料大棚

（二）日光温室

日光温室是我国独有的设施，是一种在室内不加热的温室，由侧山墙、维护后墙体、支撑骨架及覆盖材料组成，在有些地区又称为冬暖大棚。日光温室通常坐北朝南，东西延长，东、西、北三面筑墙，设有不透明的后屋面，前屋面用塑料薄膜覆盖，作为采光屋面。温室所有自然能量的获得都要依靠前屋面，后屋面主要起保温作用，围护墙体则既是承力构件，又是保温材料。日光温室在不加温条件下，一般可保持室内外温差达20℃以上。

我国各地日光温室类型众多，建筑规格不一，根据前屋面的形状，可分为一坡一立式屋面温室和半拱圆形屋面温室，根据后坡长短、后墙高矮不同，又可分为长后坡矮后墙温室、高后墙短后坡温室以及无后坡温室（俗称半拉瓢）；根据覆盖材料可分为玻璃温室和塑料温室；根据墙体材料可分为土墙温室、砖墙温室和新兴复合材料温室等；从骨架材料上又可分为竹木结构温室、钢铁水泥砖石结构温室、钢竹混合结构温室等。

1. 一斜一立式日光温室

一斜一立式日光温室前采光屋面为两折式，即有一个斜面天

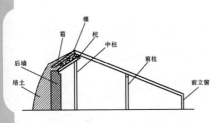

图 3-2-7　一斜一立式日光温室

竿或木杆压膜。

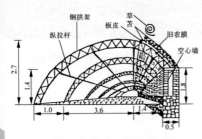

图 3-2-8　半拱式温室

窗和一个立面地窗的温室（图3-2-7）。一斜一立式温室多数为竹木结构，前屋面每3米设一横梁，由立柱支撑。这种温室空间较大，弱光带较小，在北纬40°以南地区应用效果较好。但前屋面压膜线压不紧，只能用竹

2. 半拱式温室

屋面采光面构型为半拱形的温室（图3-2-8）。跨度多为6~6.5米，脊高2.5~2.8米，后屋面水平投影1.3~1.4米。这种温室在北纬4℃以上地区最普遍，半拱圆形日光温室按照其后墙的高矮和有无，后坡的长短和有无，又可分为矮后墙长后坡，高后墙短后坡，长后坡无后墙和高后墙无后坡四种类型。从太阳能利用效果、塑膜棚面在有风时减弱棚膜摔打现象和抗风雪载荷的强度出发，半拱式温室优于一斜一立式温室。

目前用于辣椒栽培的常用日光温室为土墙体或土砖结合拱圆形日光温室和微拱琴弦式日光温室等，为增强保温性能多采用半地下下挖式和加厚墙体的方式。

二、辣椒棚室的建造

（一）辣椒塑料大棚的建造

1. 竹木结构塑料大棚

大棚的骨架主要由拱杆（拱架）、立柱、拉杆、棚膜、压杆（压膜线）等部件组成（图3-2-9）。拱杆用山竹，立柱和拉杆可用圆竹或树枝，大棚一般长30~50米，宽6~12米，中高2.0~2.5米，边高1.0米，方向以南北为好。以棚长50米，棚宽12米为例

介绍竹木大棚的建造方法：

（1）定位放样。按照设计好的大棚长、宽尺寸确定大棚四个角，使四个角均成直角后打下定位桩，在定位桩之间拉好定位线，并沿线将地基铲平夯实。

（2）埋立柱。立柱起支撑拱杆和棚面的作用。一般是横向由4~6根组成，立柱间距为2米，纵向每2~3米一根，立柱的长短由棚架高度决定，从棚中点到两侧对称排列。先插中央立柱，再插边柱，每根立柱的长度应比大棚相应各部位高多出30~40厘米，即留出埋入土中的部分，在

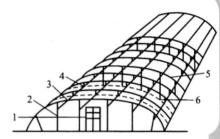

1. 棚门 2. 棚门立柱 3. 拉杆
4. 压杆 5. 拱架 6. 立柱

图3-2-9 竹木结构塑料大棚结构

约50厘米处蘸上沥青防腐。12米宽的棚通常设5道立柱，两边立柱距棚边1米。大棚的两端，将立柱和拱架固定在一起。立柱时应预先留出门的位置，门设立在中间，宽约0.8米，高约1.8米。在准备材料时，各立柱顶端向下5厘米处先打1孔，用于固定拱杆，中柱、侧柱向下20厘米，边柱向下30厘米再打1孔，用于固定拉杆，2孔成十字形，以防竹竿裂开。

（3）拉杆。在中柱和侧柱顶端往下返20厘米，横架拉杆，边柱顶端下返30厘米横架边柱拉杆，与各柱下端第2孔用铁丝拧紧，使每排立柱纵向结成整体。为减少纵向立柱数量，可用钢筋或铅丝，在立柱之间相当于拉杆的位置装置横梁，横梁上间隔1米固定1根小支柱，再固定拱杆，即所谓的"悬梁吊柱"。拉杆绑在中间的四排立往顶端下方20厘米处，它还可用来拴压杆的拉线。

（4）搭拱架。沿大棚两侧定位线，将竹竿或竹片按0.8~1米的距离插入土中，深度为30~40厘米，为使拱架两侧肩高一致，同一拱架两侧的竹竿粗细尽量相同，弯成弧形，对接用绳绑结实形成拱架。

（5）埋地锚。地锚是用来固定压膜线的，可用木杆或竹杆，

埋入地下 50 厘米并夯实，位置设在大棚两侧每两条拱杆中间。

（6）上棚膜。上棚膜前，把所有接触到棚膜顶部竹竿节处削平滑，以防扎破棚膜，棚头拱杆要用布条包好，以防在紧棚膜时拉坏棚膜。中间各杆绑铁丝处都要绑上布条。棚膜选用聚乙烯棚膜，小幅 2 个，宽 3 米，中间大幅宽 10 米。在迎风面棚头挖 20 厘米的深沟，先把棚膜一端埋入土中，外面用竹竿卷好，另一头埋好后，进行紧膜，直至拽紧为止。拉紧后膜的端头埋在四周的土里，棚膜上两拱杆之间用压膜线或 8 号铅丝等压紧薄膜，使棚面成互棱形。在上压膜线时，要每隔 2~3 米拱交错上压膜线，以便棚膜坚固。

（7）缚压膜线。最好选专用压膜线，也可用包装塑料绳代替，但不能用再生塑料绳，以免迅速老化失效。压膜线要松紧适度，每格拱杆间缚一根，并牢牢固定在大棚两侧的地锚上，使压膜线与棚膜通过大棚骨架的支撑构成一个拱形的均匀统一的刚体结构。整体坚固，可以防 8 级以上大风的侵袭。

（8）二道保温幕帘及内裙膜的安装。为增强大棚夜间的保温效果，可进行多层覆盖。除地膜覆盖、套盖中小棚以及浮面覆盖外，还可安装内裙膜及二道保温幕帘。内裙膜高度与外裙膜高度一致，二者之间相距 10 厘米（下端），下边埋入土中。通常在无立柱或少立柱的大棚内才好安装二道幕帘，有拉铁丝和搭内拱架两种方式。搭内拱架的，在棚肩高处与外拱杆联结内拱杆，普通用竹片架设，并纵向拉 2~3 根细塑料绳等距串联内拱杆，拉直，两头固定在棚两端的立柱上；纵向拉二道膜，使与大棚膜间有 30~40 厘米的空间。二道幕帘一般用于头年 12 月至翌年 3 月间，在上午棚温上升时应及时拉开保温幕，增光提温；下午降温时即刻拉上保温幕，蓄热保温。

（9）建棚头。在两端的拱架下，插入 4~6 个支柱，将支柱与棚架绑在一起形成棚头，在背风处棚头中部设门，门宽 0.8 米，高 1.8~2 米。

2. 全钢架塑料大棚

（1）大棚规格。采用镀锌钢管做骨架（图 3-2-10）。方位以南北延长为宜，春秋季节有大风地区顺风向延长，跨度以 8 米为佳，长度 40~60 米，肩高 1.0~1.3 米，脊高一般在 2.7~3.3 米，拱杆间距：0.8~1.0 米。

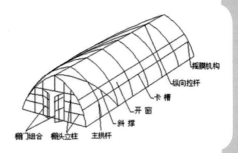

图 3-2-10　装配式钢架结构大棚示意

（2）建造材料。基础材料选用 C20 混凝土，大棚骨架选用外径 26.0 毫米，壁厚 2.8 mmdN20 镀锌钢管。棚膜选用 EVA（乙烯~醋酸乙烯）薄膜、PE（聚乙烯）或 PVC（聚氯乙烯）薄膜。选用热镀锌固膜卡槽（有条件也可采用铝合金固膜卡槽），镀锌量 ≥ 80 克 / 平方米，宽度 28.0~30.0 毫米，钢材厚度 0.7 毫米，长度 4.0~6.0 米。

（3）基础施工。确定好建造大棚地点后，平整场地，确定大棚四周轴线。沿大棚四周以轴线为中心平整出宽 50 厘米、深 10 厘米基槽。夯实找平，按拱杆间距垂直取洞，洞深一般 40~45 厘米，拱架调整到位后插入拱杆。拱架全部安装完毕并调整均匀、水平后，每个拱架下端做长、宽、高均为 0.2 米独立混凝土基础，也可做成宽高均为 0.2 米的条形基础；混凝土基础上每隔 2.0 米预埋压膜线挂钩。

（4）拱架施工。多采用工厂专业加工拱架，先进行拱杆连接，将连接好的拱杆自然取拱度，插入基础洞中，插入深度为 40 厘米，拱杆间距 0.8~1.0 米。全部拱杆安装完毕后，用端头卡及弹簧卡连接顶部的横拉杆，顶部横拉杆连接完成后，进行第 1 次拱架调整，使顶部及腰部平直。然后安装第 2 道横拉杆，完成后再进行拱架调整；依次安装第 3 道横拉杆。春秋季节大风天气较多地区需装 5 道横拉杆，横拉杆安装完成后，对主体拱架定型，直到达到安装要求。

（5）斜撑杆安装。拱架调整好后，在大棚两端用斜撑杆将两侧 3 个拱架分别连接起来，防止拱架受力后向一侧倾倒。

（6）棚门安装。大棚两端安装规格为（1.8~2）米 ×（1.8~2）

米的棚门，作为通风口和出入的通道。

（7）覆盖棚膜。棚膜长度应大于棚长以覆盖两端，棚膜宽度与拱架弧长相同，覆膜前仔细检查拱架和卡槽的平整度。在无风的晴天中午，将薄膜覆盖在大棚上，拉展绷紧，依次固定于纵向卡槽内，两端棚膜卡在两端面的卡槽内，下端埋入土中。薄膜宽度不足时需用粘膜机或电熨斗进行粘合，粘合前注意分清棚膜的正反面，接缝宽4厘米。

（8）安装通风口。通风口设在拱架两侧底角处，宽度通常0.8米，采用扒缝上膜压下膜通风方式。选用卷膜器通风口时，卷膜器安装在大块膜的下端，用卡箍将棚膜下端固定于卷轴上，每隔0.8米卡一个卡箍，向上摇动卷膜器摇把，可直接卷放通风口。大棚两侧底通风口下卡槽内应安装40厘米宽的挡风膜。

（9）覆盖防虫网。选择宽1米，40目的尼龙防虫网，安装于大棚两侧底角放风口及棚门位置，防虫网上下两面固定于卡槽内，两端固定在大棚两端卡槽上。

（10）绑压膜线。棚膜及通风口安装好后，用压膜线压紧棚膜并固定在预埋的混凝土基础上的挂钩上，间距2.0~3.0米。

（二）辣椒日光温室的建造

1. 日光温室的特征要素

日光温室其主要的作用就是采光和保温，达到生物生长所需的温度。因此在进行温室建造时必须规划设计好采光和保温，影响采光和保温的因素主要有以下几个方面决定。

（1）方位角。北方冬季太阳高度较低，日出东南，日落西南，根据这一特点，建造温室时应采取东西延长；前屋面朝南；温室方位角正南，正午太阳光与温室东西延长线垂直。透入室内的太阳光最多，强度最大，温度上升也最快，对蔬菜光合作用是最有利。所以温室最佳方位角应采取南偏东5°~10°，提前20~40分钟接收到太阳的直射光。但是高纬度地区，早晨外界气温很低，过早揭开草苫，室内温度下降较快，达不到作物生长要求的温度，所以应采用南偏西5°~10°的方位角，最大偏斜不可超过10°，若偏斜角度太大，会减少日光温室的日照时间，直接影响温室的热性能。

（2）高度。是指高效节能日光温室屋脊最高的位置，即矢高。矢高太低，温室内空间太小，热容性能差，往往造成骤冷骤热，夜间保温性差，容易引起植物冷害，同时由于空间小，水蒸气排放不流畅，造成室内湿度过大，容易结露，会引起多种病害发生。矢高过高，温室内空间太大，早上升温速度慢，白天在日照的条件下，仍不能把室内温度提高到要求的区间，那么在夜间也无法使室内温度保持在 8℃以上，同样有造成冷害的可能。目前在生产中建造的日光温室，其矢高控制在 3.5~4.5 米是比较理想的。

（3）跨度。即日光温室的南北向内径。跨度过小，温室内栽培床面积小，生产能力差。跨度过大，直接影响日光温室前屋面的坡度，也就是影响了太阳光的入射角度，造成日光棚面的温室直射率底，进而影响温室的热效应，降低温室的生产性能。目前生产上使用较多的跨度是 8~12 米。

（4）长度。是指日光温室东西延长的长度，无论建造多么长的日光温室，其东、西两侧的山墙高度是不变的，两侧山墙在温室内造成的遮阳阴影面积是不变的，这种阴影面积在温室内属弱光照区，即低产区，温室越长，两侧山墙内造成的遮阳阴影和温室总面积的比值就小，山墙阴影对温室生产造成的损失比例就小。温室越短，山墙阴影对温室生产造成的损失比例就越大。因此，日光温室越长越好。但根据生产需要，为了操作方便，一般日光温室的建造长度控制在 50~80 米之间为宜。

（5）厚度。是指高效节能日光温室墙体的厚度和日光温室后屋面的厚度。墙体厚度主要是为降低热传导对温室内温度损失的影响。墙体厚度不够，热传导作用频繁，保温性能差，热量损失大。墙体过厚，建造施工难度大，造价高。因此，日光温室墙体的厚度要有一个科学合理地选择，通过试验和多年生产实践证明，日光温室墙体厚度一般确定为 1 米，即可达到降低热传导，提高温室保温性能的要求。为了提高日光温室后屋面的载热和保温作用，后屋面一般选用麦草做保温隔热层。麦草比泥土、砼的热容大，白天在太阳照射下，可贮备大量热能，夜间随温室内气温不断下降，草层的热能不断释放出来，补偿温室内温度。同时麦草层的空隙度大，热传导小，热量对外散失的少，有良好的保温作用。一般后屋面的草层在屋面中部要达到70厘米厚，前沿要达到20厘米厚。

（6）角度。是指后屋面的仰角和前屋面的太阳光入射角。后屋面仰角：一般温室后屋面和后墙体的交角为90°，后屋面对后墙体造成了很大的阴影面，因此，温光效应不好。高效节能日光温室后屋面和后墙体的交角为90°+（40°±5°），也就是说形成了125°~135°的交角，后屋面对后墙体几乎没有造成阴影面，冬至前后，后屋面和后墙体同样可有太阳光照射，容易提高后屋面和后墙体的温度，从而提高温室性能。

前屋面太阳光入射角：前屋面太阳光入射角是根据不同纬度地区冬至时的太阳高度角确定的，确定合理的前屋面太阳光入射角，是提高日光温室温光性能的基础，其计算办法为：

$$\angle\alpha= 直径 - \delta 冬至 - 40°$$

其中，∠α：为日光温室合理采光屋面角。

直径：为具体地区的地理纬度。

δ冬至：冬至时的赤纬为 – 23.50。

40°：是根据太阳入射角度在0~40°，光线透过率下降较少的原理，确定的一个参数。

由于太阳高度角及入射角的年节期变化和日时段变化，致使日光温室只有在冬至正午时才能达到合理的采光要求，其他时期、其他时段采光均不够合理。从作物光合强度及最佳光合作用时段看，早上、即日出至正午，是光合作用最活跃的时候，这段时间需要有充足的光照和理想的温度环境，因此，可将日出至正午视为最佳采光时段，那么，在确定合理采光屋面角时，以考虑最佳采光时段（早上10：00）的太阳高度角及入射角最为合理。根据计算，高效节能日光温室前屋面倾角应在合理采光屋面角的基础上增5°~7° 即可。如在北纬36° 地区，其最佳采光时段合理采光屋面角应为 19.5°+5° 或 7° 即为 24.5°~26.5°。以计算出的采光屋面角为基础，确定日光温室前屋面的坡度及弧度，即可建造理想的日光温室。

（7）建筑材料。日光温室建设所用的材料本着因地制宜、就地取材的原则，其材料规格的选用直接影响着建筑造价的高低。基本材料为：不含有机质的土、麦草、毛竹、8号铅丝、砼立柱或木立柱或金属立柱，木质框架或金属材料框架等。

墙体：一般选用不含有机质的湿土夯实打起，若需提高规格、建筑坚固美观，土墙内外可用砖砌起。

后屋面：一般在骨架上覆麦草封闭，麦草上用泥土覆盖，也可用砼板覆盖。

前屋面：温室骨架材料影响采光，竹木骨架所用材料的截面积往往较大，会造成较多的遮光，特别是支柱和横梁等加大了遮光面积，影响光照的合理分布，因此在建造日光温室时，应尽量选用钢管或钢筋等强度较大，截面积较小的建材。冬季雨雪量较大，采用适量支柱，防止屋面坍塌。

（8）透明覆盖材料。前屋面用透明材料覆盖，目前较常使用的为长寿无滴膜（聚氯乙烯无滴膜）和醋酸乙烯膜等。

（9）保温覆盖材料。夜间在前屋面透明覆盖材料上再覆盖一层保温材料，降低热损失。一般选用稻草草帘，规格为长9米、宽1.2米用七道底绳编制，编制要紧密，厚度不低于4厘米。草帘也有用麦草、浦草等制作的，这种材料保温效果相对要差一些。

目前在北方地区种植蔬菜尤其是山东省使用较多的是Ⅳ型、Ⅴ型日光温室；按照墙体和建造方式的不同，又分为土墙下挖式日光温室和砖砌空心墙日光温室两大类型。

2. 土墙下挖式日光温室的建造

温室建造规格：坐北朝南，东西延长，室内跨度10~12米，长度50~100米，脊高4.2~5米（从室内地面算起），下挖0.6~1.0米；土墙底宽4.0~5.0米，土墙上宽1.5~2.0米，后墙高3.0~3.2米，后屋面仰角45°~50°。

以室内跨度12米，土墙体钢拱架日光温室为例介绍下挖式日光温室建造要点（图3-2-11）如下。

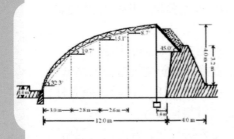

图3-2-11 土墙下挖式日光温室剖面

（1）方位确定。选好场地后，进行平整，然后按确定好的大小和方位开始放线画出后墙及两山墙，温室方位用罗盘仪测出，一般正南偏西5°~7°。

（2）建墙体。墙体包括北墙和东西山墙，用挖掘机和推土机建造墙体，用挖掘机就地下挖0.8~1米取土，每次垫加0.5米厚的松土，用推土机来回滚压数遍夯实，最后把墙顶压实。建墙体的土以壤土或轻壤土为好。地平面以上墙体高度为3.2米，确定后墙内墙壁位置，切去多余的土，使内墙壁和地面的夹角约成80°，墙体底部宽4.0米，顶部宽1.8米。

东西山墙也按相同方法切好，两山墙顶部靠近后墙底内侧向南1.0米处向上垂直线处再起高0.8米，建成山墙山顶，东西山墙和北墙衔接处采用山墙包后墙的方式。墙体建成后将栽培床整平，低于地平面1.0米。为防止遮阴，要将温室前方地面2.5~3米处下挖使之低于地平面0.5米，高于温室内栽培床0.5米。沿后墙顶内侧向北0.5米处切除1.05米厚的土层，将后墙改成"女儿墙"状双层结构，以保证后屋面仰角达45°，以使阳光照射到后屋面内侧，从而能够积蓄更多的热量。

（3）焊接立柱。竖立柱前先预制立柱基座，在温室后墙体内侧向南1.0米处，每隔1.8米挖一个坑预制立柱基座，立柱基座为混凝土基座，规格0.3米×0.3米×0.4米，并下预埋铁。立柱使用直径8.3厘米、壁厚4.0毫米的钢管，焊接于立柱基座上，焊接时向北倾斜3°~5°。使用2寸镀锌钢管做横梁，焊接于立柱顶端，东西延长，两端焊接于山墙预埋件上。

（4）制后坡。首先在后墙预制后墙预埋件。材料为角铁混凝土预制件，在女儿墙墙顶内墙向北0.47米处沿东西向用水泥预制，每隔0.6米埋一块预埋铁，以备焊接正副拱架用。在立柱顶部向下1.85米处焊接1根1.85米长的∠50×50×6角铁，南北端分别端焊在立柱和后墙预埋件上，再截取 1 根长 2.62 米的 $\angle 80 \times 80 \times 8$ 角铁，上端焊在立柱顶端镀锌管上，下端焊在后墙预埋件上，使后坡形成等腰直角三角形，角度为 45°。按照前面方法，相邻立柱之间再焊接 2 根长 2.62 米的 $\angle 80 \times 80 \times 8$ 角铁，上端焊在镀锌管上，下端焊在后墙预埋件上。在上面等间距焊接 4 根 $\angle 50 \times 50 \times 6$ 角铁，两端焊在东西山墙预埋件上。后坡做好后，铺设聚氨酯泡沫板，保温板铺好后放一层钢网和 10 厘米厚水泥预制，放好水泥预制后进行后坡覆土。覆土高度以不超过温室屋顶为宜，覆好土并平整后，最好覆盖一层塑料薄膜并用钢丝将其固定。

（5）搭骨架。预先制作钢架拱架和拱架前基座。选用国标 4.0 厘米与 3.3 厘米镀锌管焊成双弦或三弦拱架，上层用 4.0 厘米钢管，下层用 3.3 厘米钢管，中间焊接三角形圆钢支撑柱。在日光温室前沿东西向每隔 0.6 米预制拱架前基座，以备焊接主副拱架用。

搭骨架，每隔 1.8 米 搭钢架主拱架 1 架，相邻主拱架间等距设置 2 架副拱架，主副拱架间距 0.6 米。主拱架的上弦焊于立柱顶端横向镀锌管上下弦焊于立柱上，前端焊于拱架前基座上。副拱架上弦焊于横向镀锌管上，截取 1 段直径 6.5 毫米钢筋，一端焊于副拱梁下弦上，另一端焊于镀锌管上，副拱架前端焊于拱架前基座上。注意一定要使拱架向下垂直于地面、南北向垂直于后墙。顺东西向在拱架的下弦上焊 5~6 道直径 6.5 毫米的钢筋作为拉筋，将拱架连成一体，拉筋东西两端焊于山墙预埋件上，拉筋在拱架上按南北向均匀分布。

（6）覆盖棚膜。棚膜包括屋面膜和放风膜，采用一块大膜和一块小膜的两膜覆盖方法，屋面膜使用聚氯乙烯双防膜，厚度不小于 0.12 毫米。放风膜受用聚乙烯（PE）薄膜，厚度不小于 0.10 毫米。先覆盖屋面膜（大膜），膜的东西两端分别卷入长细竹竿，将膜拉到前坡棚架上拉展伸紧，固定在山墙外的地锚上，顶部留宽 1.5~1.8 米的通风口，再覆盖放风膜，通过滑轮和绳索拉动上块塑膜调节放风口大小的方式通风。上好棚膜后在棚膜上拉压膜线，每隔 1.8 米拉一道防风压膜线。

（7）覆盖草苫。最后覆盖草苫或保温被，山东各地以稻草制作的草苫为主，宽度 120~150 厘米，重量 4~5 千克 / 平方米，为了方便卷揭和放盖覆盖草帘，有条件的情况下可安装卷帘机。

3.砖砌空心墙日光温室的建造

温室规格：温室方位坐北朝南，东西延长，脊高 4.2~ 4.3 米，后跨 1.2~1.3 米，前跨 9.7~9.8 米，有立柱，采光屋面参考角平均角度 23.2°~23.9°，后墙高 2.9~3.1 米，后屋面仰角 45°~47°。以山东省第Ⅴ型蔬菜日光温室（图 3-2-12）为例介绍建造要点：

（1）墙体与墙基。在所选地块开一条深 0.5 米，宽 1 米的沟，填入 10~15 厘米厚的掺有石灰的二合土，压平夯实，然后用砖砌墙基，当墙基砌到与地面相平时，铺两层油毡纸或一层塑料薄膜，

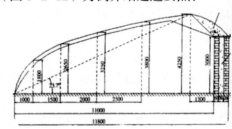

图 3-2-12 山东省第Ⅴ型日光温室
剖面（单位厘米）

以防止土壤中的水分上返。用砖砌空心墙，墙体厚度为 50~65 厘米，砖砌空心墙内墙宽 12 厘米，外墙为 24 厘米，中间留 20~30 厘米空心，可随砌墙随填蛭石、炉渣或珍珠岩等轻质隔热材料，为使墙体坚固，内外墙体之间可每隔 3 米砌砖垛，连接内外墙，也可用水泥预制板拉连。

在北墙预留通风口，一般为双层，每隔 3 米在距地面 20 厘米处埋设陶瓷管作进风口；在距地面 1.5 米处，设出风口。通风口安装 40 目防虫网。

（2）建后屋面。架设后立柱，将后立柱立于水泥预制柱基上，深埋 40 厘米，立柱、横梁采用水泥预制件，为防止受力南斜，埋立柱时上端向北倾斜 5~10 厘米。横梁置于后立柱顶端，东西延伸。檩条采用钢材，一端压在横梁上，另一端压在后墙上。固定后立柱、横梁、檩条。沿东西方向在檩条上拉 7~9 根 12 号冷拔钢丝埋于后墙外侧地锚中。在搭建好的后屋面上先铺苇毛苫，抹一层草泥，再铺玉米秸捆并用麦秸填缝，上盖一层塑料薄膜，

最后铺盖 5 厘米厚的水泥预制板再铺，泥缝。为便于卷放草苫，可再距屋脊 60 厘米处，用水泥做一小平台。便于人操作时走动。

（3）搭前屋面骨架。骨架采用钢竹结构时，上弦选用 dN40 单管，下弦选用直径 12 钢筋，腹杆选用直径 10 钢筋，主钢骨架间距 3.6 米一个；副骨架选用竹竿，基部直径 2 厘米以上，长度 4.5 米以上，间距 0.6 米一道，温室横向每隔 0.4 米拉直径 8 冷拔丝。

采用全钢架结构，主拱杆采用上弦为国标 1.5 寸镀锌管，下弦为 12 号螺纹钢，10 号斜拉杆；副拱杆为直径 2.5 厘米的 PVC 管；立柱可采用钢管或水泥预制件，立柱长 3.8 米，立柱间距 1.8 米。钢管规格为 dN40 单管。选用 C20 混凝土预制立柱时，长、宽、高尺寸分别为 15 厘米 ×12 厘米 ×380 厘米，内嵌 4 根直径 8 钢筋。安装纵向铁丝用 10 号冷拔钢丝，沿东西向拉钢丝呈琴弦状，两端固定在山墙外侧地锚上。

（4）固定撑膜竹竿。前屋面每隔 0.6 米设一道撑膜竹竿，上下用两根竹竿对接固定于 2.8 毫米横拉钢丝上。竹竿下端插入土中，上端可顶在角铁上。主骨架两侧也应加小竹竿，避免棚膜与钢管直接接触发生"背板"效应。

（5）覆膜。分透明膜和不透明覆盖物两层，先覆盖透明薄膜，透明覆盖物主要采用 PVC 膜、EVA 膜、PE 膜，为防止雨雪水顺膜流入棚内，覆膜时应上膜压下膜叠压搭接，间隔 1 米，南北向用压膜线压实。再覆盖不透明覆盖物，不透明保温覆盖材料主要有：草苫和保温被两类：草苫用稻草或蒲草制作，保温被由次品棉花、腈纶棉、镀铝膜、防水包装布等多层复合缝制而成。

（6）修建操作间、缓冲间与防寒沟。在温室外侧面修建缓冲间，在侧墙上挖一个高为 1.6 米，宽 80 厘米的门洞，装上门框。外修宽 1.5 米、长 4 米供放农具的缓冲间，缓冲间的门应朝南方向，和温室的门在不同的方位上，防止寒分直接吹入温室内。紧靠缓冲间修建一个长 4 米、宽 3 米的操作间。在温室前 20 厘米处挖一条东西长的防寒沟，深为 50 厘米，宽为 30 厘米，沟内添充麦草，沟顶盖旧地膜再覆土踏实。顶面北高南低，以免雨水流入沟内。

（7）修建水池。水池通常修在门的同侧，离山墙 0.3 米，挖一个长 5 米、宽 2 米、深 3 米的坑，将池底夯实后浇注 30 厘米厚的混凝土，池周边浇注 15 厘米厚的混凝土并要加上几根钢筋和冷拔丝，然后挂 2 层砂浆，池中砌隔墙增加强度，留好水的通道，池顶用板或网绳封好。50 米长的温室的水池要蓄水 30 立方米。

4. 厚墙体无立柱型钢筋骨架大棚建造要点

（1）主要结构。大棚总宽 15.5 米，内部南北跨度 11 米，后墙外墙高 3.1 米，后墙内墙高 4.3 米，山墙外墙顶高 3.8 米，墙下体厚 4.5 米，墙上体厚 1.5 米，走道和水渠设在棚内最北端，走道宽 0.55 米，水渠宽 0.25 米，种植区宽 10.2 米。仅有后立柱，高 5 米。种植区内无立柱。采光屋面参考角平均角度 26.3° 左右，后屋面仰角 45° 左右。距前窗檐 11 米处的切线角度为 19.1°，距前窗檐垂直地面点 11 米处的切线角度为 24.4°（图 3-2-13）。

（2）建造要点。确定后墙、左侧墙、右侧墙的地基以及尺寸。大棚内南北向跨度15.5米，东西长度不定，但以 100 米为宜。清理地基，然后利用链轨车将墙体的地基压实，修建后墙体、左侧墙、右侧墙，后墙

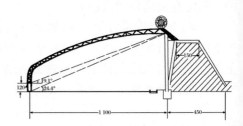

图 3-2-13　寿光最新大棚剖面

体的上顶宽 1.5 米。修建后墙体的过程中，预先在后墙体上高 1.8 米处倾斜放置 4 块 3 米长的楼板，该楼板底部开挖高 1.8 米、宽 1 米的进出口，后墙体外高 3.1 米，内墙高 4.3 米，墙底宽 4.5 米。后墙、左侧墙、右侧墙的截面为梯形，后墙、左侧墙、右侧墙的上下垂直上口为 0.9 米。

将后墙的上顶部夯实整平，预制厚度为 20 厘米的混凝土层，并在混凝土层中预埋扁铁，将后墙体的外墙面铲平、铲直，铲好后在后墙体的外墙面铺一层 0.06 毫米的薄膜，然后在薄膜的外侧水泥砌 12 厘米砖墙，每隔 3 米加一个 24 厘米垛，垛需要下挖，1∶3 水泥砂浆抹光。

在后墙的内侧修建均匀分布的混凝土柱墩的预埋扁铁上焊接8厘米的钢管立柱，立柱地上面高5米。在后墙体的内墙面及左侧墙、右侧墙的内、外墙面砌24厘米砖墙，灰沙比例1：3，水泥砂浆抹光。沿后墙体的内侧修建人行道，人行道宽55厘米，先将素土夯实，再加3厘米厚的砼（混凝土）层，在砼层的上面30厘米×30厘米的花砖，在人行道的内侧修建水渠，水渠宽25厘米、深20厘米，水泥砂浆抹光。

　　在大棚前檐修建宽24厘米、高80厘米的砖墙，1：2水泥砂浆抹光，在砖墙的顶部预制20厘米厚的混凝土层，在混凝土层内预埋扁铁，每隔1.5米埋1块。

　　用钢管焊接成包括两层钢管的拱形钢架，上、下层钢管的中间焊接钢筋作为支撑，上层为直径4厘米的钢管，下层为直径3.3厘米的钢管，钢筋为12号钢筋。将拱形钢架的一端焊接在立柱的顶部，另一端焊接在前檐砖墙混凝土层的扁铁上，拱形钢架与拱形钢架之间用4根3.3厘米钢管固定连接，再用26号钢丝拉紧支撑，每30厘米拉1根，与拱形钢架平行固定竹竿。

　　在立柱的顶部和后墙体顶部的预埋扁铁之间焊接倾斜的角铁，然后在后墙体顶部的预埋扁铁与立柱之间焊接水平的角铁，倾斜的角铁、水平的角铁、立柱形成三角形支架，再在倾斜的角铁外侧覆盖10厘米的保温板，在保温板的外侧设置钢丝网，然后预制5厘米的混凝土层。

第一节 辣椒品种选购

一、辣椒品种类型

辣椒品种众多，尚未形成完整的分类系统，一般是根据果实性状、辣味有无或成熟早晚进行分类。

（一）按果实性状分类

1. 灯笼椒类

又称柿子椒、甜椒（图 4-1-1），植株中等，粗壮，叶片肥厚，果实硕大，基部凹陷呈灯笼形状。味甜、稍辣或不辣。根据果型又分为大柿子椒（扁圆形）、大甜椒（圆筒形或钝圆锥形）、小圆椒。多为中、晚熟品种。

图 4-1-1 灯笼椒

2. 长椒类

植株矮小至高大，叶片小或中等，果多下垂，果型多样，微弯曲似羊角、牛角、线形（图 4-1-2）。按果实的长度又分为羊角椒、牛角椒和线辣椒；多为中、早熟种。可以干制、腌渍或者做辣椒酱。

3. 簇生椒类

枝条密生，叶子呈狭长状，果实簇生，向上生长，每簇 3~8个，果实色红肉薄。辛辣味强、

图 4-1-2 长辣椒

晚熟、耐热、抗病能力强，多作干椒栽培（图4-1-3）。

4.圆锥椒类

植株多矮小，果实为圆锥形或短圆柱形（图4-1-4），多向上生长，果肉较厚，辣味中等，主要鲜食。

图4-1-3　簇生椒

图4-1-4　圆锥椒

5.樱桃椒类

植株中等或较矮小，叶中等大小，圆形或卵圆形，果实小如樱桃，圆形或圆锤形，果色有红、黄、紫等，作观赏用或制作干辣椒都可（图4-1-5）。

图4-1-5　樱桃椒

（二）按果实辣味分类

（1）甜椒类型。多为灯笼椒类，果型较大，味不辣而略带甜或稍带椒味。

（2）半辣类型。多属于长角椒和灯笼椒类，辣味较淡或适中，幼嫩时辣味更淡。

（3）辛辣类型。多属于簇生椒类和圆锥椒类，辣味较重。

（三）按熟性早晚分类

辣椒熟性即从播种到采收所需的天数。辣椒的熟性一般根据辣椒的首花节位、果实发育速度、始收期等分类，一般分为早熟、中熟、晚熟三种类型。早熟类型首花着生节位在 8 节以下者，果实膨胀速度快，首花出现后，一般 25~35 天即可采收；中熟类型首花着生节位在 9~15 节范围内，果实膨胀较快，35~50 天可采收；晚熟类型首花着生节位在 15 节上，果实膨胀较慢，50 天以上采收。当然，一个品种的生育期并不是绝对不变的，栽培技术，气候条件不同，生育期常常会随着变化。

二、辣椒品种选择注意事项

为获得良好的收益，辣椒品种的选择非常重要，要根据生产目的、消费习惯的不同，因地制宜选用辣椒品种。在选择棚室辣椒种植品种时应注意以下几点。

（一）辣椒品种与栽培形式的适应性

栽培设施、栽培地区、栽培季节、栽培期长短等都要与品种相适应。适合露地栽培的辣椒品种，不一定适合棚室栽培，在棚室内可能会因植株长势过于旺盛，会造成严重落花落果而大幅减产。南方地区栽培的丰产品种不一定适合在北方地区栽培，有的也严重减产。选择栽培时期短的栽培形式时，应优先选用早熟品种；选择栽培时期长的栽培形式时，应选择生长期较长的中晚熟品种；栽培季节不同选择品种也不同，同是在保护地里栽培辣椒时，比如日光温室秋冬茬、冬春茬、越冬茬，它们对品种的要求是不一样的，必须按茬次选用品种。冬季保护地栽培，应选用耐寒耐弱光能力强、在弱光和低温条件下容易坐果辣椒品种，春季栽培应选择早熟、耐寒性强的辣椒品种，夏秋栽培应选择需选择耐热、耐潮湿、抗病性强的中晚熟品种。

（二）商品流向

选择品种要充分考虑消费群体的食用习惯，不同地区消费者对辣椒的果型、辣味程度、果实色泽、果肉厚度等都有着不同的要求。生产者要考虑产品销往地区市场主要畅销的果型与品种。生产者在组织和安排辣椒生产时，一定要对目标市场的商品要求作充分的调研，然后再选择相应的品种，比如南方地区较喜欢辣味较浓的牛角形、羊角形等长椒类品种，北方地区则相对较喜欢辣味较淡的大甜椒、柿子椒等大果类品种。

（三）品种的抗病性

病害是造成辣椒减产的主要原因之一，选用抗病品种是丰产、稳产，降低生产成本，减少农药等对产品和环境污染的重要途径，根据不同栽培茬次发生的主导病害，选择品种。比如，塑料大、中棚秋延晚茬和日光温室秋冬茬辣椒，其育苗时间正在炎热多雨的7月，病毒病往往会导致栽培失败，因此必须选用抗病毒病能力强的品种。生产者在选择品种时应注意选择抗当地主要病害的新品种。同时也不能长期使用同一抗病品种，否则，品种的抗病性易丧失。

（四）品种的耐贮运性、熟性

辣椒品种选择要考虑辣椒的销售地的远近，以外销为主的温室辣椒生产基地，需栽培果肉较厚、果皮蜡质层多的耐贮运辣椒品种。春茬栽培应选择坐果率高、结果多、产量高的早熟或中早熟品种；秋冬茬应选择果实较大、果肉较厚、结果多而集中的中熟品种。

（五）商品性及品质

消费者在购买辣椒时不但看果型、果实大小、果色等性状，而且还关注辣椒的品质，口味，维生素C含量等，因此生产者在选择辣椒品种时，不能仅关注产量，还必须注意到它的质量，产品只有具有良好的商品性，才可以销售出去产生经济效益。要选择品质优良、营养价值高，果型美观，甚至有一定保健作用的品种。

三、茬口安排与品种选择

辣椒棚室栽培可实现辣椒的全年生产，一般根据设施不同以及栽培季节的不同，可分为小拱棚辣椒早春栽培、塑料大棚辣椒

43

春提早栽培、塑料大棚秋延后栽培，日光温室早春茬栽培、日光温室秋冬茬栽培、日光温室秋后一大茬栽培等类型。不同的栽培季节、栽培方式对应的适宜辣椒品种也不同。

（一）塑料拱棚春提早茬口

塑料拱棚春提早栽培是设施辣椒栽培中生产面积较大、管理技术较为成熟的重要栽培茬口。一般采用温室育苗，苗龄不等，多在3月下旬至4月上旬定植，5月开始采收。比陆地栽培提早采收30天以上。

春提早茬口品种要求植株长势中等，节间短，不易徒长，抗高温耐低温，早熟性好，连续坐果率高，果实膨大速度快，丰产性能好，尤其是前期产量高的品种。辣椒品种要求果实纵径在20~35厘米，果肩横径4厘米左右，单果重量80~120克，耐储运等，代表品种有喜洋洋、威狮等。甜椒品种要求果型方正，果纵径8~12厘米，果横径7~9厘米，单果重200~250克，耐储运等，甜椒代表品种有红方、世纪红等。

（二）塑料拱棚秋延迟茬口

种植棚室类型为塑料拱棚，北方地区通常在7月上中旬至8月上旬播种，7月下旬至8月下旬定植，12月至翌年1月结束，果实在元旦甚至春节前后上市。辣椒的育（幼）苗期和营养生长的前期处于高温阶段，生长后期处于低温寒冷阶段，而盛花和盛果期处在9月中下旬至10月中旬之间。

该茬口品种要求前期耐高温后期耐低温，抗旱，果实大且坐果集中、耐贮运、红熟速度快、抗病性强，尤其是抗各种病毒病如辣椒轻斑驳病毒病、烟草花叶病毒病等能力强。

适合大棚秋季延后栽培的辣椒代表品种有：喜洋洋、苏椒5号、美瑞特、红方、国福113、中椒5号等。

（三）日光温室早春茬

日光温室种植，上市期为第二年春季3月，早春茬的经济效益高。早春茬一般在 10 月下旬到 11 月下旬播种育苗，苗龄 100~110 天，1 月中下旬至 2 月上旬定植，翌年 3 月上中旬开始采收上市，7 月拔秧，若植株管理好，不遭受病害，也可越夏栽培，采收期延迟到新年后。

适宜早春茬日光温室种植的品种要求植株长势旺盛，早熟，在前期低温弱光条件下连续坐果能力强产量高，后期在高温条件下能连续坐果，抗病性强，尤其是抵抗高温条件下比较容易发生的病害能力强，如辣椒轻斑驳病毒病、烟草花叶病毒病、炭疽病、疫病等。辣椒果实商品性状同秋后一大茬品种。辣椒代表品种有尖椒 37-74，红果甜椒 132、红贝拉，黄果彩椒黄太极，长方椒威丽等。

（四）日光温室秋冬茬

日光温室秋冬茬栽培主要供应深秋到春节前市场的栽培茬口，果实上市期一般是 11 月至翌年 2 月。秋冬茬辣椒有 2 种栽培方式：一种是育苗移栽方式，山东地区多在 7 月上中旬播种育苗，比塑料拱棚辣椒要适当延后进行，8 月中下旬至 9 月初开始定植，10 月中下旬开始采收，供应国庆节和元旦市场，翌年 1—2 月拔秧。二是日光温室早春茬辣椒越夏连秋栽培，立秋前剪枝更新，转入秋冬茬生产。

适宜秋冬茬种植的辣椒，要求辣椒品种中早熟，植株长势旺盛，在由高温向低温转变时期坐果性良好，不易出现畸形果。抗病毒能力强尤其是抗辣椒轻斑驳病毒病、烟草花叶病毒等病毒能力强，后期耐低温、弱光。辣甜椒果实商品性状同秋后一大茬品种。

代表品种有尖椒 37-74，方果甜椒主要有红贝拉、红方以及绿果采收为主的凯瑟琳，长方椒代表品种有奥黛丽、威丽等。

（五）秋后一大茬

秋后一大茬在日光温室中种植，是设施辣椒种植中较大的茬口。通常在 7 月底至 8 月初进行播种育苗，8 月中下旬至 9 月上旬定植，11 月开始收获，元旦、春节为采收盛期，可一直采收到

5月，经济效益高，翌年6月拔秧。

该茬口种植的辣椒品种要求中熟，生育期长，植株长势旺盛，连续坐果能力强，前期耐低温弱光，后期耐高温，商品性高、适应性广、抗病虫能力强。

辣椒代表品种有37-82、37-74、中寿12号等，甜椒代表品种有曼迪、黄太极、红太极等。

第二节　优良品种介绍

目前我国设施栽培的辣椒品种很多，在进行辣椒栽培时，应根据当地的气候条件、消费习惯、栽培目的及栽培茬口等选择不同的适宜品种，现将我国保护地栽培比较多的优良辣椒品种介绍如下。

一、辣椒优良品种

1. 中寿12号

（1）特征特性。辣椒植株生长旺盛，根系发达，茎秆粗壮，株形直立紧凑，连续做果能力强，叶片深绿色，大且厚，叶片呈匙形，植株通风透光率好，属于长椒形辣椒，果实羊角形，表皮呈黄绿色，光滑，果长25~30厘米，果肩横茎4厘米左右，最大果尖可达5厘米，果皮坚硬，耐贮运，果肉厚，单果重120克左右，最大可达150克，微辣（图4-2-1）。中早熟品种，每亩产6 500千克左右，适应性广，即耐高温，又耐低温弱光，适宜越冬长季节栽培，高抗烟草花叶病毒病和辣椒疫病，受土壤根结线虫影响小，可在我国大部分地区种植。

（2）栽培要点。设施栽培适宜早育苗、早定植，一

图4-2-1　中寿12号

般7月育苗，8月定植，10月采收至翌年6月，采收期长，故定植前要施足基肥，一般每亩施腐熟有机肥5 000千克左右，磷酸二铵50千克，草木灰200千克，腐熟饼肥200千克，定植时以株距50厘米，行距70厘米定植，定植后缓苗期白天26~30℃，夜间18~20℃，植株旺盛生长后，白天温度在25~28℃，夜间15~18℃。

2. 37-74

（1）特征特性。植株生长旺盛，株型直立紧凑，坐果率高，低温、低光照下，连续坐果能力强，叶片深绿色，卵圆形，叶片大小中等，果实羊角型，淡绿色，表面光滑，顺直。果长20~25厘米，果肩横径4厘米，果实微辣，果肉厚实，

图4-2-2 37-74

单果重80~120千克，辣味浓。中早熟品种，定植后40~50天采收，管理得当，采摘期长达8个月以上，甚至可以实现全年采摘，每亩产7 000千克以上，耐寒性好，适合保护地早春茬、秋延后和越冬茬栽培，抗锈斑病、烟草花叶病毒病、白粉病、根腐病能力强（图4-2-2）。适合北方早春和秋延迟拱棚种植。

（2）栽培要点。因植株高大，长势旺盛，一般株距50厘米，行距70厘米为宜，每亩移栽2 000株左右，注意整枝，保留3~4个生长旺盛的主枝即可，及时除去弱枝。温室大棚栽培中，白天温度25~30℃，夜间13~15℃，整个生长期间，棚内湿度保持在60%左右，因坐果能力强，单株产果量高，要及时采摘辣椒。

3. 益都红

（1）特征特性。中早熟品种，植株直立高大，株高70~80厘米，植株开展度中等，生长势强，叶片中等大小，卵圆形或长卵圆形，单叶互生，叶脉明显，叶面光滑，花冠为白色，果实牛角形，有光泽，果长8~15厘米，果肩横径3厘米，未成熟时果实为青绿色，成熟后呈红色或暗红色，干椒平均单果重10克，油分多，干鲜两用，香

图 4-2-3　益都红

辣微辣性，辣味适中，每亩产干椒在 400~500 千克，可分批采收也可一次性采收，根性发达，移栽成活率高（图 4-2-3）。

（2）栽培要点。对土壤要求不严格，沙土、壤土、黑土均可，以行距 60 厘米，株距 30 厘米定植，每亩栽 4 500~5 000 株，合理浇灌是增产的关键，喜欢见湿见干的土壤条件，根系吸收能力强，要少量勤灌，辣椒在盛花期前进行一次追肥，每亩施磷肥 2.5 千克，繁茂期要进行叶面喷施 0.3% 磷酸二铵，7~10 天喷施一次，80% 辣椒变红即可采收。

4. 天鹰辣椒

（1）特征特性。朝天椒品种，植株矮小，植株直立紧凑，株高 50~65 厘米，植株开展度 40~50 厘米，花芽分化早，苗期 3 片真叶展开即已进行，果实朝天簇生，呈纺锤形，果皮光滑油亮无皱缩，果长 5 厘米，果肩横径 1 厘米，果顶尖而弯曲，似鹰嘴状。单果重 4 克左右，干果鲜红，味道极辣，辣椒素含量 0.8%，辣椒素含量 3% 左右，是优良的干制小辣椒品种。晚熟品种，根系不发达量少入土浅，生长期长，喜温暖湿润，每亩产干椒 250~300 千克（图 4-2-4）。

图 4-2-4　天鹰辣椒

（2）栽培要点。要选地势高且干燥，土层深厚，排水良好中等以上肥力的地块栽培，可适度密植，每亩定植 8 000 株左右，在主枝现顶时，进行人工打顶，促进侧枝生长，确保各枝条开花结果一致，在果实完全变为深红色时采摘。

5. 青线椒 1 号

（1）特征特性。植株生长势强，植株直立紧凑，株高75厘米，开展度60~65厘米，一般有侧枝2~4根，侧枝生长势强，花为白色，叶片深绿色，果实线形，果皮略有皱缩，果长23厘米左右，果肩略弯曲，果肩横径

图 4-2-5 青线椒 1 号

1.3~1.5厘米，单果重16克左右，果实为成熟时深绿色，成熟后呈鲜红色，可鲜食或之辣椒酱，一般绿果采收。早熟品种，北方地区春季定植后20天即可采收，全生育期180天左右，每亩产鲜椒2 000千克左右，适合露地栽培和北方秋延迟栽培（图4-2-5）。

（2）栽培要点。植株直立紧凑可适当密植，每亩栽7 500株左右，在生长前期注意松土除草，还要施足磷钾肥，保证根系苗壮，采收期施足氮肥，满足对养分需要，喜湿怕涝，浇水的时候要小水勤浇，不能大水浸灌，线椒20厘米左右即可采摘。

6. 37-82

（1）特征特性。F1代杂交种，植株长势中等，连续坐果能力强，抗逆性强，产量高，适合秋冬温室及早春温室和拱棚种植。果实粗羊角形，表皮光亮，稍扁，味辣，果色浓绿，果实长20~25厘米，肩部有皱褶，果肩横径3.5~4厘米，单果重80~120克。抗病毒病，如烟草花叶病毒病，耐疫病，抗根结线虫（图4-2-6）。

图 4-2-6 37-82

（2）栽培要点。可采用育苗盘播种，最适发芽温度为25℃，一般在4~5片真叶时定植，坐果后加强肥水管理，移植后土壤温度尽量不低于20℃，果实膨大期在30℃左右，不耐强光，春秋高温季节，要适当遮光。

7. 亮剑（37-79）

（1）特征特性。植株生长旺盛，开展度中等，连续坐果能力强，耐寒性好，适合秋冬、早春日光温室种植。果实淡绿色，呈羊角形，果实长 23~28 厘米，果尖横径 4 厘米左右，果皮光滑亮泽，商品

图 4-2-7　37-79

性好。单果重 80~120 克，辣味浓。抗烟草花叶病毒病能力强。采摘期可达 8 个月，平均每亩产量可达 7 000 千克以上（图 4-2-7）。

（2）栽培特点。播种深度一般为 0.5 厘米左右，在 4 叶 1 心时定植，建议大小行定植，株距 50 厘米，大行 80 厘米，小行 60 厘米，每亩栽 2 000 株左右，在开花坐果期间，应适当调整好温度和空气湿度，温度在 25℃左右，湿度在 65% 左右为宜。

8. 傲雪 116

（1）特征特性。中熟种，青椒红椒都可用，果面光滑顺直，红果鲜红，青果绿色，味香辣，果长 26~30 厘米，果肩宽 1.8~2.1 厘米，单果重 30 千克左右，耐热、耐湿、耐重茬，抗病毒病，疫病、炭疽病，采收期长，果粗

图 4-2-8　傲雪 116

大易采摘，产量高（图 4-2-8）。

（2）栽培要点。可在全国大部分地区种植，播期根据当地的气候条件和种植习惯定，建议种植密度，双株 1 600 穴，单株 2 000 穴，门椒以下侧枝摘除，防止徒长，提高产量。

9. 陇椒 9 号

（1）特征特性。早熟，螺丝椒一代杂种，植株生长势强，

株高 80 厘米左右，开展度 75 厘米左右，果实羊角形，果长 28 厘米，果肩宽 3.5 厘米，果肉厚 0.3 厘米，果面有褶皱，果色绿，味辣，平均单果质量 70 克，商品性好。耐低温弱光，抗病毒、疫病强，每亩产 4 000~5 000 千克。适宜北方地区保护地和露地种植（图 4-2-9）。

图 4-2-9　陇椒 9 号

（2）栽培技术要点。高垄覆膜栽培，垄宽 80 厘米，沟宽 50 厘米，垄高 20 厘米。每垄定植 2 行，穴距 40 厘米，每穴 2 株。应重施基肥，合理施用追肥，结果期加强肥水管理，可每亩施腐熟农家肥 4 000 千克、磷酸二铵 15~25 千克作基肥。进入盛果期后，每次采收后，注意追肥灌水，结合浇水每亩追施尿素 15 千克、磷酸二铵 20 千克。及时防治白粉病、蚜虫。

10. 黄妃

（1）特征特性。中熟 F1 杂交种，生长势强，植株高 60 厘米，果实锥牛角形，嫩果为浅绿色，果实成熟时由绿色转为金黄色，果实味甜肉厚，耐贮运，果面光滑，品质佳，果长 16~18 厘米，果肩横径 5.5~6.0 厘米，单果重 200 克左右，耐高温高湿，较抗病毒病。每亩产

图 4-2-10　黄妃

量 1 万千克左右，适于保护地栽培（图 4-2-10）。

（2）栽培要点。根据当地气候条件适时播种栽培，华北地区保护地栽培于 12 月中旬至 1 月上旬播种，3 月初至 3 月下旬定植，小高畦单株对栽，行距 60 厘米，株距 40 厘米，每亩栽 2 000~3 000 株。

11. 巴莱姆

（1）特征特性。果实大，牛角形，果实长度可达 16~25 厘米，直径 4~5 厘米，外表光亮，商品性好。单果重 100~150 克，辣味淡。

图 4-2-11　巴莱姆

图 4-2-12　紫龙

抗花叶病毒病、番茄斑萎病毒病和马铃薯 Y 病毒病。适合日光温室和早春大棚种植（图 4-2-11）。

（2）栽培要点。播种盘或苗床育苗，4~5 片真叶时定植，定植密度为每平方立方米株，及时疏果。适宜较为肥沃的土壤。要施足底肥，多施农家肥和磷、钾肥，并注意及时浇水。

12. 紫龙

（1）特征特性。中熟 F1 杂交种，植株生长势强，果实牛角形，商品果紫色，味微辣，果面光滑，品质佳，果长 16~18 厘米，果尖横径 4~5 厘米，单果重70~120 克，较抗病毒病和青枯病，适于保护地种植（图 4-2-12）。

（2）栽培要点。华北地区保护地栽培于 12 月中旬到 1 月上旬播种，3 月初到 3 月下旬定植，小高畦单株对栽，行株距 60 厘米，株距 40 厘米，每亩栽 2 000~3 000 株。其他地区种植，应按当地气候条件适时播种栽培。缓苗后的温、湿度管理非常关键，白天气温 20~25 ℃，夜晚 18~21 ℃，土壤温度 20 ℃左右，湿度 50 %~60 % 为宜。为确保果实质量和产量，需对植株进行调整。一般采取双杆整枝，支架栽培。

13. 寒秀 1617

（1）特征特性。为 F1 代杂交品种，属极早熟品种，植株长势旺盛，果实整齐美观，淡黄绿色，粗羊角形，果皮富有光泽，辣味适中。一般果长为 30~35 厘米，果肩宽 4~6 厘米。肉质厚，单果重可达 200 克以上，坐果集中，可连续结果，膨果快，产量极高，抗烟草花叶病毒，耐贮运，耐寒性强，适宜越冬及早春栽培，每亩产值可达5 000千克以上（图4-2-13）。

（2）栽培要点。播种期在10月至翌年3月，栽培中应注意对水分要求，管理过程中应要求有充足氮、磷、钾，生产中必须做到氮、磷钾互相配合，在施足底肥的基础上，盛果期注意追肥，以提高产量和品质。

14. 长剑

（1）特征特性。早熟一代杂交品种。植株高大，生长势强，叶片浓绿，节间短。坐果率高并且连续坐果能力强，果实生长速度快，采收期长，产

图 4-2-13　寒秀1617

量高而稳定。果实呈长羊角形，果皮淡黄绿色，果长20~30厘米，果肩横径3~4厘米。单果重100~150克。果肉厚，果硬耐贮运，微辣。抗病毒病、疫病能力强，比较耐灰霉病、白粉病，耐寒性及耐热性较强。保护地高产栽培，一般每亩产5 000千克左右（图4-2-14）。

（2）栽培要点。高垄双行定植，每亩栽植2 000~2 500株。苗期适宜昼温22℃，夜间15℃；结果期适宜昼温25~28℃，夜温15~18℃，品种坐果多，果型大，需重施追肥和及时整枝，结果期一般追肥3~4次，门椒坐住后，每亩施硫酸钾复合肥20~30千克，建议采用双杆整枝，生长期注意螨虫的及时防治。

图 4-2-14　长剑

图4-2-15 苏椒5号

15. 苏椒5号

（1）特征特性。早熟，杂交一代种，植株生长旺盛，分枝强，节间短，株高50~60厘米，开展度50~55厘米。连续坐果能力强，果实膨大速度快，果实长灯笼形，浅绿色，果面光泽稍有皱褶，微辣，果长9~10厘米，果肩宽4.0~4.5厘米，单果重25~35克。微辣型，较耐低温、弱光，抗烟草花叶病毒，耐疫病，每100克含有维生素72.38毫克。适宜塑料大棚和日光温室栽培（图4-2-15）。

（2）栽培要点。大棚早熟栽培，宜10月上中旬冷床播种或12月加温温室播种，翌年2月至3月定植，每亩栽4 000株左右；施足底肥，苗期及定植后要增强温、光、水、肥管理，促早发。

16. 维纳

（1）特征特性。植株生长旺盛，无限生长型，早熟品种，耐低温弱光，连续坐果能力强，果实膨大快，果实乳白色，光滑亮泽，果长15厘米左右，果尖横径4~5厘米，单果重80克左右，果肉厚0.4厘米左右，耐贮运，抗病性极强，商品性好（图4-2-16）。

图4-2-16 维纳

（2）栽培要点。尖椒根系浅，主根不发达，植株生长旺盛，且生育期长，必须选择肥沃的土壤，施足基肥，宽垄双行定植，每亩2 000株左右。当植株长到45~50厘米时进行吊蔓，通过吊绳对尖椒的4个分支进行绑蔓，加强植株间通风透光。花期对温度敏感，保持温度23~28℃，当温度超过32℃以上2天，容易落花或形成畸形果。

17. 京辣 2 号

（1）特征特性。中早熟，植株健壮，分枝力强，始花节位 8~9 叶，辣味强，果实圆羊角形，果长 13 厘米左右，果尖横径 1.5~2 厘米，鲜果重 20 克左右，干椒单果重 2.0~2.5 克，嫩果色深绿色，成熟果鲜红色，干椒暗红色，光亮，高油脂，辣椒红素含量高。持续坐果能力强，单株坐果可达 80 个，

图 4-2-17　京辣 2 号

高抗病毒病和青枯病，抗疫病，是绿椒，红椒和加工干椒多用品种。绿椒每亩产 3 500~5 000 千克。红椒产量 2500~3000 千克，干椒产量 300~350 千克。全国露地和保护地均可种植（图 4-2-17）。

（2）栽培要点。行距 50~60 厘米，株距 35~40 厘米，高畦栽培，每亩栽 3 000~4 000 株。重施有机肥，追施磷钾肥，注意钙肥使用，果实膨大期以免发生缺钙现象。干椒生产时果实完全着色后采收，并在充分成熟后再自然晾干，避免暴晒。

18. 喜洋洋

（1）特征特性。早熟大果型辣椒品种，一般 8 片叶开始分枝坐果，坐果后果实膨大速度快，成熟快，可提前采收，提早上市。果皮黄绿色，果长 25~35 厘米，粗 4~5 厘米，平均单果重 100~150 克，皮厚光亮，外观美，辣味浓，商品性好。连续坐果能力特强，每株可同时坐果 40~50

图 4-2-18　喜洋洋

个不封顶，节短不宜徒长，每亩产量可达 10 000 千克以上。抗高温，耐低温，高抗病毒病（图 4-2-18）。

（2）栽培要点。合理密植，每亩植 2 000~2 500 株，椒苗定植后及时浇下定根水，施足底肥，结果期加强肥水管理。

图 4-2-19　金香玉

19. 金香玉尖椒

（1）特征特性。植株生长旺盛，耐热、耐寒性佳，适合拱棚秋延后或早春茬和越冬茬日光温室种植，果实羊角形，长度可达 36 厘米以上，果实顺直，嫩果果皮黄绿色有光泽，成熟后转为金黄色，香辣可口，味道鲜美，产量高，商品性极佳，抗烟草花叶病毒（图 4-2-19）。

（2）栽培要点。幼苗期促根发秧，轻度蹲苗，采用宽垄双行密植，株距 25~30 厘米，每亩定植 3 000 株，定植后浇定根水，3~5 天后浇一次缓苗水，定植后，前期以保温管理为主，密闭保温，采收期要加强水肥管理，在施足底肥的情况下以浇水为主。

20. 黄金龙

（1）特征特性。早熟，黄皮尖椒，果皮光滑，果色黄绿，长 25~34 厘米，果肩横径 4 厘米左右，单果重 170 克左右，结果集中，抗热、耐湿能力极强，膨果速度快，前期产量显著高于同类品种，适于早春，秋延保护地及露地越夏栽培（图 4-2-20）。

（2）栽培要点。根据当地气候条件，适时移栽定植，苗期注意防治病虫害，行距 40~50 厘米，株距 30~45 厘米，每亩定植 3 000~3 500 株，施足基肥，以有机肥为主，氮磷钾肥配合使用，不能偏施肥，盛果期及时追肥，充分发挥高产潜力。

图 4-2-20　黄金龙

21. 威狮一号

（1）特征特性。早熟品种，植株长势整齐，株型紧凑，连续坐果能力强，结果集中，果实大羊角形，果皮为有光泽的浅黄绿色，果型顺直，果肉厚，果长24~32厘米，果肩宽5厘米左右，单果重100克左右。抗耐病毒病，耐寒、耐热、高产，适宜北方保护地栽培种植（图4-2-21）。

（2）栽培要点。要求基肥充足，基肥以有机肥、磷钾

图4-2-21　威狮一号

肥为主，结合耕地要早施、深施、分次施；适当密植，每亩定植1 000~1 200株，定植正常生长后，白天温度24~28℃，夜间15~18℃。定植后10~15天和坐果初期追肥，以后看植株长势情况追肥，棚内土壤保持湿润，切忌忽干忽湿和大水漫灌。生长势弱时，应及时摘掉第1~2层花蕾，以促植株营养生长。

二、甜椒优良品种

1.斯马特

（1）特征特性。植株长势中等，分枝少通风透光性好，主枝连续坐果能力强，主枝顶端优势明显，果实分布均匀。叶片绿色，中等略小，卵圆形。果实为方形大果，果长11厘米左右，果肩横径10厘米左右，刚熟时为绿色，成熟时为黄色，光泽鲜亮，可采摘黄果也可采摘绿果，果肉厚且硬，单果重180克以上，最大可达270克。对温度适应性广，耐低温，弱光，抗烟草花叶病毒病和花叶病毒病强，适合日光温室长季节栽培，每亩产15 000千克以上（图4-2-22）。

图4-2-22　斯马特

（2）栽培要点。要求底肥充足，每亩施腐熟有机肥5 000~8 000千克，磷酸二铵50千克，硝酸钾20~30千克，定植密度大，

株距 30 厘米，行距 45 厘米，每亩定植 3 000 株左右，在生产中不需特意整枝打叉，整个生长期，白天温度在 24~28℃，夜间 15~18℃。空气湿度保持在 50%~60%，小水勤灌，保持土壤湿润。

2. 黄太极

（1）特征特性。自荷兰引进，植株生长旺盛，开展度大，株高 65 厘米，生长能力强，节间短，叶片深绿色，卵圆形，适合秋冬、早春保护地种植。坐果率高，灯笼形，成熟后转黄色，表面光滑，生长速度快，在正常温度下，果长 8~10 厘米，果肩直径 9~10 厘米，果实外表光亮，适宜绿果采收，也可黄果采收，商品性好，耐储运。果实厚，单果重 200~250 克，抗烟草花叶病毒病、番茄斑萎病毒病和马铃薯 Y 病毒，正常管理下，每亩产量可达 16 000 千克（图 4-2-23）。

图 4-2-23　黄太极

（2）栽培要点。最好用育苗盘播种，4~5 片叶时定植，株行距 50 厘米 × 70 厘米。生长期保持土壤湿润，使含水量稳定一致，水分时多时少会影响果实的正常发育，导致畸形果。最好能够使用滴灌系统。移植后白天最适气温 23~28℃，夜晚最适温度为 15~18℃，最低土壤温度 20℃。整枝时，每株保留 3~4 个生长健壮的茎。

3. 富康

（1）特征特性。植株生长旺盛，茎秆粗壮，节间短，植株开展度中等。耐寒性好，果实大，长方形，正常栽培条件下，果实长度可达 12~14 厘米，果肩横径 8~10 厘米，一

图 4-2-24　富康

般单果重 200~250 克，最大单果重可达 500 克以上。外表光亮，

成熟时颜色鲜红，商品性好，既可采收绿果，也可采收红果。抗烟草花叶病毒病，适合日光温室和早春大棚种植（图4-2-24）。

（2）栽培要点。苗龄可适当加长，进行大苗定植，定植时建议株距50厘米，行距70厘米，定植后浇封穴水。移植后注意温度控制，白天24~28℃，夜晚15~18℃，根据植株生长情况侧枝留果或除去一部分小侧枝，以便通风透光。

4.塔兰多

（1）特征特性。植株高大，生长旺盛，开展度大，节间短，果实灯笼状，近方形，成熟后转黄色，果实膨大速度快，在正常温度下，果长10~12厘米，果肩横径9~10厘米，果面光亮，成熟后由绿转黄色，适宜绿果采收，也可黄果采收，商品性好，耐储运。单果重250~300克，最大单果重可达450克以上，抗烟草花叶病毒病（图4-2-25）。

（2）栽培要点。适当早播，育苗要以遮光、降温为中心，苗期注意茶黄螨的防治，大小垄种植，大行距80厘米，小行距40厘米，株

图4-2-25 塔兰多

距50厘米，每亩植2 000株左右，浇好定植水，定植后，注意促进下部根部生长，控制节间伸长，避免徒长。

冬春季以增温保湿为管理要点，移栽后白天最适气温为25~28℃，夜间最适温度为15~18℃，整个生长期空气相对湿度应控制在65%~70%，追肥依植株长势和土壤肥力而定，一般在对椒坐果之前不用施肥，坐果后，每亩随水冲施腐熟粪肥400千克，盛果时应及时用绳吊枝。

5.黄欧宝

（1）特征特性。方形果，成熟时颜色由绿转黄，耐低温、耐阴、抗病力强，冷凉条件下坐果较好。节间短，生长势强，正常温度

下，果长达 10~12 厘米，直径达 9~10 厘米，平均单果重 250~300 克，最大可达到 500 克。每亩产量 8 000 千克左右，经济效益好。该品种皮薄肉厚，风味独特，无辛辣味，可果菜兼用（图 4-2-26）。

图 4-2-26　黄欧宝

（2）栽培要点。采用大小行栽培，大行距 70 厘米，小行距 50 厘米，株距 50 厘米，每亩植 2 200 株左右。一般 7 月 1 日至 10 日育苗，8 月中下旬移栽，深冬前以调温壮秧为主，白天保持 25~30℃，夜间 15~17℃。采收盛期，可每采收一层果实追一次肥并浇水，追肥量为每亩磷酸铵 15 千克。深冬后，白天 25~30℃，夜间 15~18℃管理，逐渐加大通风量。

6. 红方

（1）特征特性。中熟品种，无限生长型，杂交一代，植株生长旺盛，分枝力强，连续坐果能力强，产量高。叶色浓绿，果实方灯笼形，4 心室，硕大，果长 11 厘米，果肩宽 10 厘米，果肉厚 6~8 毫米，单果重 250~300 克，未成熟果深绿色，成熟时颜色由绿转亮红色，

图 4-2-27　红方

既可采收绿果，又可采收红果。耐热、抗病抗逆性强（图 4-2-27）。

（2）栽培要点。选择土壤疏松，土层深厚，透气良好的土壤栽培。育苗温度保持 10℃以上，双行定植，行距 80 厘米，每亩定植密度为 2 000 株左右。植株旺盛生长期，白天气温 20~25℃，夜晚 18~21℃，土壤温度 20℃左右，湿度 50%~60% 为宜。为确保果实质量和产量，需对植株进行调整，一般采取双

杆整枝。及时清除病、老、黄叶，畸形果。

7. 黄星 2 号

（1）特征特性。中熟甜椒 F1 杂交种，生长健壮，始花节位 10~11 片叶，果实方灯笼形，果实成熟时由绿转黄，果面光滑，含糖量高，耐贮运。果长 10 厘米左右，果尖横径约 10 厘米，单果重 160~270 克，持续坐果能力强，低温耐受性强，抗病毒病和青枯病。适于北方保护地和南菜北运基地种植（图 4-2-28）。

图 4-2-28　黄星 2 号

（2）栽培要点。垄背单株对栽，株距 35~45 厘米，每亩栽 2 000~2 500 株，因为对低温的敏感性很强，要加强温度的控制，缓苗后白天 25~28℃，夜间 18~20℃，地温 16℃以上，植株生长旺盛期采用二杆整枝，盛果期采收后每 15~20 天施肥一次，为防止落花落果，坐果盛期宜多灌水，保持土壤湿润，防止干旱，但仍要避免由于浇水过多而引起的植株徒长。

8. 白星 2 号

（1）特征特性。中熟甜椒 F1 杂交种，生长健壮，始花节位 10~11 片叶，果实长方灯笼形，商品果为白色，成熟时转亮黄色，果面光滑，耐贮运。果长 11 厘米，果尖横径 8.5 厘米左右，单果重 150~240 克。连续坐果能力强。整个生长季果型保持较好。抗烟草花叶病毒和青枯病。耐疫病。适于北方保护地和南菜北运基地种植（图 4-2-29）。

图 4-2-29　白星 2 号

（2）栽培要点。华北地区保护地秋冬茬栽培，建议7月中旬至8月中旬播种，8月中旬至9月中旬定植，小高畦单株对栽，行距50~60厘米，株距35~45厘米，每亩栽2 000~3 000株，长季节栽培可采用2~2整枝法，吊绳栽培；华北地区保护地春茬栽培，宜12月中旬至1月上旬播种，3月初至3月下旬定植，每亩栽2 000~3 000株。其他地区种植，应按当地气候条件适时播放栽培。

9. 紫星2号

（1）特征特性。中熟甜椒F1杂交种，生长健壮，始花节位10~11片叶，果实长方灯笼形，商品果为紫色，成熟时退绿转暗红色，果面光滑，耐贮运。果长10厘米，果尖横径8.5厘米，单果重150~240克，持续坐果能力强。抗病毒病和青枯病。适于北方保护地和南菜北运基地种植（图4-2-30）。

（2）栽培要点。播种后，条件适宜30天左右即可定植，

图4-2-30　紫星2号

采用高垄定植，株距30~40厘米，每亩栽2 000~2 500株，加强温度管理，地温对彩椒的生育结果有着严重影响，地温低于18℃时产量就要受到影响，水分管理要谨防地表湿润而深层实际缺水的现象。植株生长旺盛期及时整枝，采用二杆整枝，盛果期采收后每15~20天施肥一次。

10. 桔西亚

（1）特性特征。自荷兰引进，橙色甜椒种，早熟，属无限生长型，植株生长旺盛，株型紧凑。门椒着生于第10~11节，坐果能力强。果实方形，多为4心室，果长9厘米，横径7~8厘米，果面光滑，单果重200~250克，果肉厚，0.4毫米左右，耐贮运，嫩果绿色，成熟时由绿色转为鲜艳的橘红色。耐低温弱光能力强，

适于秋冬茬保护地栽培，一般每亩产量可达 15 000 千克左右（图4-2-31）。

（2）栽培要点。大小垄种植，垄高 15 厘米，垄宽 35~40 厘米；大行距 80 厘米，小行距 40 厘米，株距 45~50 厘米，采取地膜覆盖技术，每亩定植 2 000 株左右。营养生长期生长适温白天 25~30℃，夜间不低 18'℃，开花结果期适宜白天 21~26℃，夜间不低于 15℃。一

图 4-2-31　桔西亚

般苗期、花蕾期尽量少浇水，以控制苗株徒长，结果后保持土壤湿润。结果期根据长势追肥 2~4 次。

11.曼迪

（1）特征特性。植株生长势中等，节间短，适合秋冬、早春日光温室种植。坐果率高，果实灯笼形，果肉厚，果长 8~10 厘米，果尖横径 9~10 厘米，单果重 200~250 克。外表亮度好，成熟后由绿转大红色，果实色泽鲜艳，可以绿果采收，也可以红果采收，皮厚，耐储运，抗烟草花叶病毒病，保护地高产栽培，每亩产量可达 15 000 千克以上（图4-2-32）。

图 4-2-32　曼迪

（2）栽培要点。高垄双行定植，每亩栽植 1 800~2 500 株，越冬栽培，播种期以 7 月中旬至 8 月上旬为宜，早春大棚栽培，于 11 月中旬播种育苗，苗期适宜昼温 22~25℃，夜间 15℃左右；结果期适宜昼温 25~28℃，夜温 15~18℃。冬季和早春为保持土

壤温度，尽量减少浇水量，忌大水漫灌，宜小水浇。结果期一般追肥 3~5 次。

图 4-2-33　凯瑟琳

图 4-2-34　红星 2 号

12. 凯瑟琳

（1）特征特性。中熟品种，植株长势健壮，高大，株高可达 2.0~2.5 米，果实方正，果长 9 厘米，果肩横径 8.5 厘米左右，果实大，单果重 250~300 克果皮光滑，果肉厚，味微甜，硬度好，果实成熟后转亮红，抗病性强，高抗病毒病和疫病，果皮厚，耐储运，适宜早秋，秋延和越冬栽培，保护地生产每亩产量为 10 000 千克左右（图 4-2-33）。

（2）栽培要点。选择合理播期，一般华北地区秋延后栽培可于 7 月上、中旬播种，春播可在 10 — 12 月播种；高垄栽培，合理密植，每亩栽 2 000 株左右，因植株高大，要支架或吊蔓，及时整枝，建议三杆整枝，前期果实及早采收，整个生育期要保证充足均衡的肥水供应。

13. 红星 2 号

（1）特征特性。中熟甜椒 F1 杂交种，生长健壮，始花节位 10~11 片叶，果实方灯笼形，果实成熟时由绿转红，果面光滑，含糖量高，耐贮运。果长 10 厘米，果肩横径 9 厘米左右，单果重 160~270 克，持续坐果能力强，整个生长季果型保持较好。耐低温、弱光，抗病毒病和青枯病。适于北方保护地和南菜北运基地种植

（图 4-2-34）。

（2）栽培要点。采用高垄定植，株距 30~40 厘米，一般每亩栽 2 000~2 500 株，加强温度管理，植株正常生长后，温度白天 25~28℃，夜间 18~20℃，地温 16℃以上。盛果期以后，植株和果实对水肥的要求逐渐增加，为促进多坐果和果实膨大着色，第一次采收后每 15~20 天施肥一次。

14. 国禧 105

（1）特征特性。早熟杂交一代品种，灯笼形甜椒，连续坐果能力强，青熟果翠绿色，成熟后果为红色，果面光亮；果长 12 厘米左右，横径 9 厘米左右，单果重 170~260 克，耐贮运，膨果速度快，低温耐受性强，高抗病毒病，抗青枯病。适宜北方保护地栽培（图 4-2-35）。

图 4-2-35　国禧 105

（2）栽培要点。华北地区保护地栽培于 12 月中旬至 1 月上旬播种，3 月初至 3 月下旬定植。露地于 1 月下旬至 2 月上旬播种，4 月下旬定植，小高畦栽培，株距 40 厘米，行距 50 厘米，每亩栽 3 000~4 000 株。培育壮苗移植，重施沤熟基肥，及时追肥和防治病虫害，植株生长旺盛期，注意搭支架，以防倒伏。栽培过程中应重施有机肥，追施磷钾肥，同时注意钙肥的施用，果实膨大期避免发生缺钙现象。

15. 国禧 113

（1）特征特性。早熟甜椒一代杂种，始花节位为第 8~9 节，植株生长健壮，产量高。商品果绿色，果实为方灯笼形，果实纵径约 12 厘米，果肩宽约 11 厘米，单果重 220~350 克，果肉厚 0.6 厘米。果型好，四心室率高，商品率高。每亩产量约

图 4-2-36　国禧 113

3 700 千克。抗病能力强，耐储运，品质佳。适于北方地区早春保护地和秋延后拱棚种植（图 4-2-36）。

（2）栽培要点。华北地区保护地春夏季栽培于 12 月中旬至翌年 1 月下旬播种，3 月初至 3 月下旬定植。华北地区夏秋拱棚栽培于 6 月下旬至 7 月上旬播种，7 月下旬至 8 月上旬定植。小高畦栽培，株距 35~40 厘米，行距 50~60 厘米，每亩栽 3 000~4 000 株。

图 4-2-37　巧克力甜椒

16. 巧克力甜椒

中熟甜椒品种，自荷兰引进，株型生长健壮，株型紧凑，连续做果能力强。果实方灯笼形，四心室硕大。果长约 11 厘米，果尖横径 10 厘米。果实成熟时颜色由绿色转为紫黑色，果皮光亮诱人，整齐美观。平均单果重 200~220 克，含糖量高，耐贮运，抗病性好，商品性好，抗病毒病和青枯病。适合温室大棚及露地栽培（图 4-2-37）。

17. 塔曼奇

由荷兰引进，耐寒性强，植株长势旺盛，坐果率高，单果重 200 克以上，果型正，硬度好，光泽好，颜色鲜红，多位四心室，高抗烟草花叶病毒，适宜秋延迟、越冬、早春保护地周年生产。一般采用高垄定植，株距 30~40 厘米，每亩栽 2 000~2 500 株（图 4-2-38）。

图 4-2-38　塔曼奇

18. 金利来

早熟品种、抗病、丰产、杂交一代品种，株型健壮，紧凑，长势中等，连续坐果能力强，直径 9~10 厘米，单果重 200 克以上，果实方形，表面光滑，肉质紧密硬实壁厚，果实生长速度快，产量高，高抗烟草花叶病毒，易栽培、耐寒、耐热性强，适宜秋延迟，越冬，早春保护地周年生产（图4-2-39）。

19. 茄门甜椒

中晚熟品种，是上海市农业科学院园艺研究所从国外引进选出。植株生长旺盛，株高60厘米，开展度70厘米，茎粗壮，叶片大，叶色深绿，全缘。在北京第11~14叶开第一朵花坐果。果实方灯笼形，单果重200克左右，果高及横径各7厘米，果色深绿，果柄下弯，果顶向下，顶部有3~4个凸起，顶中部凹陷。植株生长势强，味甜不辣，质脆品质好，果皮厚耐贮运，耐热性及抗病性较强，一般每亩产量为4 000~5 000千克（图4-2-40）。

20. 橙星2号

北京市蔬菜研究中心育成，中熟甜椒一代杂交种。植株生长健壮，始花节位10~11片叶，果实方灯笼形，3~4心室，果长10厘米左右，果尖横径约9厘米，单果重160~220克。果实成熟时由绿色转橙色，果面光滑，含糖量高，耐贮运，连续坐果能力强。抗烟草花叶病毒和青枯病。适于北方保护地和南菜北运基地种植（图4-2-41）。

图4-2-39　金利来

图4-2-40　茄门甜椒

图4-2-41　橙星2号

第五章 棚室辣椒栽培管理技术

第一节 育苗技术

育苗即培育幼苗，是指在苗圃、温床或温室里培育幼苗，以备移植至土地里去栽种的方法。育苗是辣椒丰产、稳产的基础，育苗有利于早熟，促进辣椒发棵，可以提高土地利用率，节省种子用量，降低成本，节省劳动力，解决季节衔接和茬口安排的矛盾，便于集约化管理，保证丰产、稳产。同时有利于减轻辣椒病害的发生，提高秧苗素质，提高产量，控制上市时间，达到增产增收的效果。

一、壮苗标准

培育壮苗是蔬菜早熟、丰产的重要物质基础，辣椒的壮苗标准主要包括以下几方面。

（一）形态上标准

（1）根系正常，白根，无锈根（黄色至黄褐色），须根多，密集。

（2）茎节短，节间长度与株高匀称，茎粗壮，有韧性，抗风性好，一般茎粗 0.4~0.5 厘米。

（3）具有叶 10~12 片，叶柄粗短，叶大而厚，子叶完整，叶色深绿，叶片宽、舒展，无卷缩，病斑。

（4）植株发育均衡，无病虫害，植株开展度与株高比例适当，在 1~1.3，苗高 15~20 厘米。

（5）早熟栽培的秧苗第一花蕾已现。

（二）生理标准

细胞内含干物质多，新陈代谢正常，生理活性高，细胞液浓度高，含水量少，吸收力强，表皮角质层发达，抗寒耐热，根系恢复能力强，定植后活棵快。

二、育苗设施

常用的辣椒育苗设施主要为日光温室、保温式改良阳畦、塑料大棚、塑料大棚套小拱棚、小拱棚加地膜覆盖及草帘等。

三、育苗时间

根据栽培的需要确定，辣椒的日历苗龄一般为70~90天，生理苗龄9~10片，育苗天数为苗龄天数加上7~10天的炼苗天数再加上3~5天，由此向前推确定播种时间。育苗时间应根据栽培季节、栽培品种以及育苗方式确定。北方地区一般采用春、秋两季育苗。春季于12月中下旬至1月上旬播种育苗，3月下旬至4月中旬定植，苗龄一般80~90天。秋季栽培6月中下旬至7月上旬播种育苗，苗龄30~40天。

四、育苗方式

根据育苗床的形式可以分为保护地育苗和露地育苗，保护地育苗又可分为冷床育苗和温床育苗。

1. 冷床育苗

利用自然阳光热源，在一定范围内有围框及透光覆盖设备之下创造适宜辣椒苗生长温度的一种苗床，常见的育苗方式有日光温室育苗，塑料大、中、小棚育苗和阳畦育苗。如大棚冷床育苗（图5-1-1），通常在大棚内加小拱棚育苗，育苗大棚宽度通常为5~6米，大棚内从中间一分为二做成双畦，用竹片或细竹竿搭建成小拱棚。大棚冷床育苗的缺点是苗龄较长，管理费工，苗子易受冻害。

图 5-1-1　大棚冷床育苗

2. 温床育苗

是在冷床基础上发展而来的，既利用太阳光热，又利用人工加温条件以提高床内地温与气温的保护设施。常见的有电热温床育苗、酿热温床育苗。

（1）电热温床育苗。是指直接在日光温室等保护设施中采用电热线加温培育秧苗的方法（图5-1-2），在北方尤其适宜冬春季棚室内育苗使用，电热温床育苗的最大优点是温度可以人为控制所育秧苗生长速度快。控温方式有人工控温和自动控温两

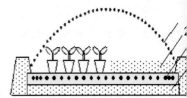

1.薄膜 2.床土 3.电热线
4.隔热层 5.草苫
图 5-1-2 电热温床

种。人工控温是在电加温线引出线前端装一把闸刀，夜间土温低时合闸通电加温，白天土温高时断电保温。这种方法一定要有专人负责，要根据天气情况灵活掌握合闸或断闸时间；自动控温是采用控温仪自动控制温度，这种方法控温精确，节约用电，一般不会因温度过高而影响幼苗生长，但开支比人工控温要高。

利用电热温床育苗时，应根据苗龄和定植时间来确定适宜的播期，在浇透底水的前提下，播种催过芽的种子后覆土盖膜，床土温度控制在24~25℃，促进快速出苗，为避免出现高温烤苗现象，要注意合理控制温度，应随时用温度计检测苗床温度，控温仪的精度也要经常校验，避免出现高温烤苗；同时，由于苗床温度高，水分蒸发快，床土易干燥，应注意及时补水；为了安全培育出优质壮苗，电热线严禁成卷使用，布线时不得交叉、重叠或扎结，不得接长或剪短，使用时应把整根线全部均匀埋入土中，且线的两头应放在苗床的同一侧。

（2）酿热温床育苗。利用好气性微生物分解有机物时产生的热量加温的一种苗床（图5-1-3）。由于可就地取用农副业废弃物和城市的垃圾为热源，

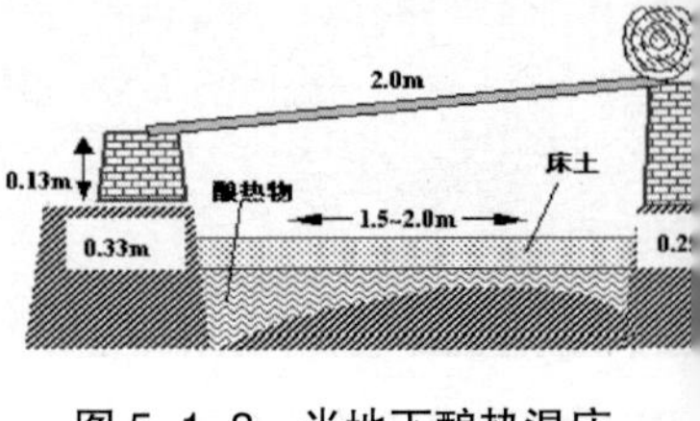

图 5-1-3　半地下酿热温床

无需什么设备，所以操作起来简单易行。其结构是在冷床的基础上，在苗床的底部挖一个填充酿热材料的床坑即成。温度调节可以用调节酿热物含有的碳氮比、厚度和含水量来实现，一般情况下碳氮比为（20~30）：1适宜。根据酿热物含有的碳氮不同，可分为高温型酿热物，酿热物主要使用如新鲜马粪、羊粪、油饼肥、棉籽皮和纺织屑等，和低温型酿热物，酿热物如牛粪、猪粪、落叶、树皮及作物秸秆等。

利用酿热温床育苗应根据棚室栽培方式确定最适播种期，一般根据播种期向前推算10天造床，使用酿热温床育苗所使用的酿热物必须是未发酵的，酿热物必须达到一定的厚度（20~45厘米）。同冷床相比，应稍微略早实行早揭晚盖。根据天气情况，对苗床内偏干的区域，及时浇水。由于酿热温床的床温较高，出苗快，生长势旺，因此要及早分苗。

五、育苗方法

目前常用的育苗方法主要可分为护根育苗法和常规育苗。此外还有嫁接育苗法、漂浮育苗、无土育苗法和工厂化育苗法等。

（一）护根育苗

又称容器育苗法，是利用各种容器装入营养土进行播种或移植育苗的方法。常用的容器主要有各种育苗钵、育苗盘、育苗箱等，根据材料不同，又可分为土钵、陶钵和草钵以及近年应用较多的纸钵、塑料钵和塑料袋等。

容器育苗法首先在播种床内密集培育小苗，再把小苗分栽到育苗容器内，在育苗容器内培育成大苗。该育苗法常在塑料大棚、温室等保护设施中进行，辣椒苗根系完整，定植后一般不需要经过缓苗阶段，提高了幼苗定植后的成活率，为提高辣椒产量和品质奠定了基础。

1. 营养钵育苗

营养钵又称育苗钵、育苗杯、营养杯，营养钵由钵壁和营养土两部分组成，目前市场上应用的营养钵大多为塑料营养钵（图

图 5-1-4　育苗营养钵

5-1-4），由于利用营养钵育苗植株根系只能在钵内生长，所以要求营养土含有充足、合理的养分。营养土多为田园土与腐熟有机肥按比例配制而成。常采用 10~12 厘米 × 10~12 厘米规格的营养钵育苗。

2. 穴盘（育苗盘）育苗

穴盘育苗是一种无土育苗方式，用分格的穴盘作育苗容器（图 5-1-5），以蛭石、草炭、珍珠岩等轻基质无土材料为育苗基质。育苗基质比重轻、不开裂，不板结，保水保肥性强，根坨不易散，育出的苗整齐健壮，病虫害发生率低，苗龄短，成本低，该育苗方式可提高秧苗的质量及定植成活率，育成的秧苗适于长途运输，能够顺利流通。便于规模化、专业化、集约化生产，利于辣椒生产的区域化、产业化发展。

图 5-1-5　穴盘育苗

（二）常规育苗

在苗床上进行的育苗方法，相比较容器育苗法，使用的设备更少，该育苗法一般分两步进行。第一步是在播种床内先培育小苗至长出 2~3 片叶；第二步是把小苗分栽到分苗床中，培育成栽培用苗。此育苗法操作简单、省时省力、费用低，但对辣椒苗根系的保护效果较差，不适宜培育大苗。

（三）嫁接育苗

就是将栽培品种幼苗的地上部分移接到具有优良根部性状等的辣椒幼苗带有根系的茎上，形成一个新的组合苗，并将其培育成健壮苗（图 5-1-6）。嫁接所用的优良品种的营养器官叫接穗，接受接穗的有根的部分称作砧木。嫁接繁殖可以保持母本的优良性状，增加植株的抗逆性。

当砧木具 4~5 片真叶、茎粗达 5 毫米左右，接穗长到 5~6 片真叶时，为嫁接适期。通常采用靠接、插接等嫁接方法。采取嫁接栽培技术，可以规避辣椒土传性病害，提高辣椒产量。

图 5-1-6　嫁接育苗

（四）漂浮育苗

是一种新型的育苗方法（图 5-1-7），将装有轻质育苗基质的泡沫穴盘漂浮于漂浮池上，种子播于穴盘基质中，秧苗在育苗基质中扎根生长，并能从基质和水床中及时吸收水分和养分的育苗方法，可有效减少移栽用工、节省育苗用地、便于辣苗集中管理、有利于提早出苗，培育壮苗、提高成苗率等优点。

图 5-1-7　漂浮育苗

六、种子处理

辣椒在播种前要进行种子处理，其目的就是杀死种子所带的病菌，增强幼苗的抗性。常用的方法有温汤浸种、药剂浸种和药剂拌种。

（一）温汤浸种

将种子晾晒 1~2 天后，将种子用纱布袋装好置于凉水中浸泡 10~15 分钟，然后放入 52~55℃温水中浸泡 15 分钟，烫完种要立即把种子从热水中取出，投入冷水中冷却，此法简便，成本低，杀菌效果好，可以杀死附着在种子表面和潜伏在种子内部的一些

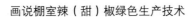

病菌。但要严格掌握水温，以免烫伤和烫杀种子。

（二）药剂浸种

药剂浸种针对防治的病害不同而选取药剂的不同。将种子用清水浸泡 4~5 小时，沥干后，再浸入浓度为 10％磷酸三钠水溶液或 1％ 的高锰酸钾水溶液中或浸入 2％ 氢氧化钠水溶液，20~30 分钟，可防治辣椒病毒病；将辣椒预浸 12 小时，再浸入 1％ 的硫酸铜水溶液中 5 分钟或 50％ 多菌灵可湿性粉剂 500 倍液浸种 1 小时，可防治辣椒炭疽病和疫病，用药剂浸种后，都要用清水将种子冲洗干净，才能催芽或直接播种，否则影响种子发芽。

（三）药剂拌种

用种子重量 0.1％的 40％菌核净或 50％甲基托布津可温性粉剂，可防治立枯病、菌核病、炭疽病。用种子量 0.3％的 50％琥胶肥酸铜可湿性粉剂拌种，可防治软腐病和疮痂病。拌种的种子要干燥，拌种要均匀一致。用药剂拌种方法处理后的种子播种前不适合水浸种和催芽。

七、催芽

催芽可以使种子出芽整齐，提高种子发芽率，缩短育苗时间。将进行催芽的种子用清水漂洗 3~4 次，捞出后进行催芽。催芽时用多层湿纱布或毛巾将种子包好放在瓦盆等容器中，上面覆盖湿纱布或毛巾在 28~30℃下催芽，催芽过程中，覆盖的纱巾要保持湿润和通透性，一般每隔 6~8 天翻动一次，当 70％~80％ 的种子芽尖露白时即可播种。

八、营养土的配制

育苗土的质量直接影响幼苗的质量。育苗土分为两种，一种是利用苗床地本身的土壤，再加部分肥料、农药等配制而成；一种是利用苗床地之外土壤，通过添加肥料、农药等进行人工配制，多用于营养杯育苗、温床育苗等。

（一）利用苗床地本身的土壤进行育苗

苗床土在翻挖之前要先将过筛的肥料撒施在土表面，再进行翻挖、平整，为了管理方便，一般可按 1.5 米开厢，其中 1 米的厢面，0.5 米的走道。具体根据苗床土的肥力决定肥料的添加量。一般每亩施入过筛的腐熟农家肥 2 500~3 000 千克，过磷酸钙 50 千克或复合肥 30 千克，钾肥 20 千克，也可加入草木灰 200 千克或钾肥 20 千克作基肥。播种前 3~4 天将厢面上的肥料与土壤充分混匀。

（二）营养土的人工配制方法

1. 常规营养土的配制

一般配制播种床用的营养土用的主料是近 3 年来未种过茄科蔬菜的园田土和充分腐熟的堆厩肥或粪肥，两者通常比例为 6∶4；而配制分苗床用营养土时，园田土与腐熟的有机肥比例为 7∶3。辅料一般有磷酸二铵、草木灰（或氮磷钾复合肥），磷酸二铵是每立方米需要 0.5~1 千克，草木灰是 5~10 千克，如果用氮磷钾复合肥代替草木灰则需要 1.5 千克。所有原料都需要充分捣碎、捣细、过筛，然后充分混匀。为了增加床土的疏松通透性，掺入过筛的炉渣或发酵后的菌糠效果更好。随后将配好的营养土填入苗床内或装入营养钵（育苗盘）准备播种。要注意在配置营养土时不能随意加大化肥和有机肥的用量，以避免发生烧苗等现象。

2. 无土基质育苗营养土的配置

无土基质育苗指利用草炭、蛭石、珍珠岩等非土壤基质，加以有机肥和复合肥等，如膨化鸡粪和复合肥，进行育苗的措施。育苗基质可由专业工厂生产也可自配育苗有机基质，通常利用草炭、蛭石等，草炭具有良好的透气性，与其他基质混合使用的用量为 25%~75%（体积）。配制时，按草炭∶蛭石的比例为 2∶1 和 1 立方米基质加入 5 千克膨化鸡粪和 1.5 千克复合肥的比例，一层草炭，一层蛭石，一层肥料，重复分层铺叠，要求孔隙度约 60%，pH 值 6~7，速效磷 100 毫克 / 千克以上，速效钾 100 毫克 / 千克以上，速效氮 150 毫克 / 千克，配成的基质要疏松保肥、保水、营养。

九、苗床准备

（一）苗床位置

要选择地势平坦，背风向阳，排水良好，水源充沛、土层深厚，管理和交通方便的地方，而且要 2~3 年内没有种过茄果和瓜类蔬菜类及烟草等作物的地块，最好是采用水旱轮作的地块，减轻病虫害的危害。

（二）苗床消毒

为防止苗床土传带病菌，常要对苗床土壤消毒，常用药剂有：多菌灵、代森锌、福尔马林、高锰酸钾等。宜选用适宜辣椒绿色生产的消毒剂，如 50% 多菌灵可湿性粉与 50% 代森锌按 1：1 混合后，每平方米苗床用药 2~2.5 克拌细土 20 千克，播种时 1/3 铺苗床中，2/3 盖在种子上，可防治根腐病、茎腐病、灰斑病等；也可每立方米用福尔马林（40% 甲醛）30 毫升对水 4 千克浇在床土上，然后用薄膜覆盖 4~5 天，揭去覆盖物，经 15~20 天，待床土中福尔马林气体散尽后，即可铺入苗床中，可预防猝倒病和菌核病病菌。

十、播种

（一）播种量

辣椒的播种量一般用每平方米苗床的种子播种重量来表示。播种量的多少根据种子的发芽率、净度和成苗率的高低来决定。传统育苗法播种量以每平方米播种 15~20 克为宜；采用无土育苗法或工厂化育苗法，播种量应适当减少，按实际育苗数的 1.2~1.5 倍播种即可。

（二）播种方式

1. 撒播

撒播是现在蔬菜播种的普遍方式。根据大田的面积确定用种量，将种子均匀地撒播到苗床上，为了撒播均匀，一般将种子与过筛的细砂土和匀后进行撒播。

2.穴播

又称点播，就是在土中每隔一定距离挖出穴坑播种，这种方法能够保证播种的株距和密度，生长空间适当，不用再行假植，一般按照10厘米见方的距离，在中间戳个小孔，每个孔放2粒种子。

3.条播

是将种子按照一定间距成行地均匀成长条播入土层中，这种方式种子播种的深度较一致，种子分布较均匀。播种结束后，在种子上面覆盖一层已消毒过筛的细土，厚度0.5~1.0厘米；覆土后补淋一次水，使床土有充足的水分供给种子发芽。冬春季节，播种结束后应及时覆盖地膜保温，夏季要进行遮光保湿，以促进种子适时出苗。

十一、苗期管理

（一）幼苗期管理

从播种到分苗的时期称为幼苗期，这一时期主要是控制温度，增强光照，调节湿度，间苗防病等。

1.温度管理

播种到出苗这段时间主要以保温保湿为主，双膜一般不动，辣椒出苗70%甚至80%以上揭除地膜，只覆拱膜。出苗期温度，白天要控制在25~30℃，夜间18~20℃。幼苗出土后，逐渐降低苗床床温，白天温度可控制在20~25℃，夜间12~15℃，当真叶露出后，应把床温提高到幼苗生长发育的适宜温度，白天25~28℃，夜间16~18℃。为使幼苗能适应分支苗床的温度条件，分苗前2~3天要使苗床温度降至20~25℃。

2.光照管理

苗期要保证植株充足的阳光，使光合作用顺利进行，为了使苗床多照阳光，改善光照条件，在保温的前提下，对覆盖物尽量早揭晚盖，延长光照时间。在揭膜时，要防止冷风直接吹入苗床，造成幼苗受害。

3.水肥管理

幼苗根系较少，吸收能力较弱，苗床内的水分要适中，若床土过干时，可适当用喷壶浇水，但不宜过多，以保持土壤湿润为宜。出苗后直到移植前可以少浇或者不浇水。苗床用肥以基肥为主，控制追肥。秧苗出现缺肥症状时，应及时追肥，追肥要选在晴天无风的上午10：00 - 12：00进行，追肥以有机肥和复合肥为主，有机肥必须充分腐熟并滤渣，浓度以10~12倍水稀释液为好；复合肥可用含氮、磷、钾各10%左右的专用复合肥配制，喷施浓度为0.1%，切忌浓度过高，否则容易烧苗。

4. 中耕间苗

幼苗期间，应注意松土，防止床土板结，保持床土湿度。松土不可过深，以防伤害苗根，结合中耕扯除杂草。当幼苗1~2片真叶时要疏苗，删除过密的苗子，去弱留壮，使株距保持在3~4厘米。

（二）分苗

分苗即将小苗从播种床内起出，按一定距离移栽到分苗床中或育苗容器中。分苗的目的是扩大幼苗的营养面积，满足光照和土壤营养条件。

当幼苗长出3~4片真叶时进行分苗，分苗应选晴天，于10:00~15:00进行，分苗前1天，为避免起苗时伤根，播种床幼苗要浇1次透水，起苗时要带少量土壤，按株行距8~10厘米栽入分苗床，浅栽，使子叶露出地面。分苗后苗床要覆膜密闭保温，创造一个高温高湿的环境，以利于缓苗。若移入营养钵中，在营养钵中装入营养土，栽好幼苗后浇水，以浇透营养钵为度，不能大水漫灌。栽后浇药水（1 500倍敌克松液）防苗期病害，水不宜太多，以免地温降低过多。

（三）分苗后管理

1. 温度管理

分苗后约一周内，应保持较高的温度以利于缓苗，白天温度25~30℃，夜间15~20℃。缓苗后温度要适当降低，白天气温20~25℃，地温16~18℃，夜间气温15℃，地温13~14℃。定植前

10~15 天，逐步降温至白天气温为 15~20℃，夜间 5~10℃，在幼苗不受冻害的限度内，应尽可能地降低夜温。但低温锻炼应逐步进行，不能突然降温过度，以免幼苗受冻害。

2. 水肥管理

缓苗后，根系已恢复生长，幼苗旺盛生长随气温升高，苗床水分蒸发增加，应适当浇水，特别是用营养钵排苗的，因不易吸收土壤中水分，应加强水的管理，维持床土表面呈半干半湿状态，防止"露白"。苗期浇水量不宜过大，每次浇水后要及时中耕，以利于减少水分蒸发，提高地温，减少空气湿度和病害发生。此时中耕以不伤根为度，宜浅中耕。苗期一般不再追肥，如果发现叶片失绿变淡，根据幼苗生长情况，选择晴天早晚追施肥料。在定植前 15~20 天追 1 次尿素，以利于定植后生长，一般浓度为 0.2% 的尿素或复合肥，随水施入。也可进行叶面施肥，通常喷施浓度为 0.1%~0.2% 的尿素或磷酸二氢钾水溶液，追肥 1 天后方可盖膜。

3. 光照管理

这一时期如果光照强度不够，可导致幼苗节间长、叶薄色淡、抗性差；反之，如果光照好，幼苗则节间短、茎粗、叶色深，抗性强。随幼苗生长和气温升高，应逐步早揭晚盖，增加幼苗光照时间。营养钵中的辣椒苗可分散摆放，扩大受光面积，防止相互遮阴。

4. 适时炼苗

炼苗要缓慢逐步进行，不能突然降温过度，以免幼苗受冻害。冬育苗炼苗时间短，春育苗炼苗时间长些。一般在定植前 2 周应加大通风量和延长通风时间，白天揭开覆盖物，晚上仍将塑料膜盖上，逐步降温至白天气温为 15~20℃，夜间 5~10℃，在幼苗不受冻害的限度内，应尽可能地降低夜温。定植前 5~7 天去除覆盖物，使幼苗处于与定植地相一致的环境下。

十二、定植

当辣椒苗长出 4~5 片真叶时，即可移栽定植。定植前结合施基肥，整地作畦。为便于排水灌溉，一般采用深沟高畦窄厢栽培，沿南北向开沟，沟距 80~100 厘米。开好沟后，在畦中间开浅沟，施入基肥，基肥以农家肥为主，一般每亩施用农家肥 2 000~5 000 千克。

辣椒定植一般每畦栽 2 行，行距 35~55 厘米，株距 30~ 50 厘米。采用单株或双株种植。不同品种种植密度有所不同，一般每亩种植 2 000~5 000 株，早中熟品种其株型较小，定植密度可适当加大，晚熟品种一般株型较大，定植密度应适当缩小。一般 10 厘米土壤温度稳定为 15℃左右时，即可定植。

定植宜在晴天无风的下午进行，切忌雨天定植。定植可采用先铺膜后定植和先定植后铺膜 2 种方式。定植移栽时起苗要尽量少伤根、多带土，忌湿土移栽，植穴要干，轻拿轻放。把苗坨放于定植穴中，用土封严，定植深度同秧苗原入土深度一致，定植后立即浇定根水，水量要足，使土壤充分湿润。

第二节　日光温室早春茬辣椒栽培关键技术

一、品种选择

选用商品性好、耐弱光、耐低温、前期和中期产量高的早熟抗逆性强的优良品种，如尖椒 37–74、天椒 4 号、苏椒 5 号、中寿 12 号、威丽等。

二、育苗

（一）育苗时间

一般在 12 月上、中旬播种育苗，苗龄 80~90 天，翌年 3 月上、中旬移栽，5 月初采收。有条件的可提前至 11 月下旬播种，翌年 2 月下旬移栽，3 月至 4 月采收，可一直采收到 6 月。

（二）种子处理

1. 温汤浸种

将晒过的种子放入 55℃温水烫种消毒 10~15 分钟后，放入 25~30℃温水浸泡 4~6 天，捞出后清水冲洗干净。

2. 催芽

将浸种后的种子，用湿纱布包好放在 25~30℃ 条件下催芽 4~6 天后，80% 种子露白时即可播种。

（三）播种

1. 苗床及床土准备

采用日光温室育苗，播种前平整土地，作育苗床，苗床一般宽 1~1.5 米，配制营养土，营养土使用未种过茄科蔬菜的肥沃田园土和充分腐熟有机肥按 7：3 比例配制，每立方米加入过磷酸钙 1 千克、磷酸二氢钾 0.2 千克、50% 多菌灵粉剂 0.1 千克。若使用营养钵育苗的，可将配置好的营养土装入营养钵内（规格为 8~10 厘米）。

若使用穴盘，可选用 50 孔或 72 孔的穴盘，穴盘在使用前必须消毒，用 0.1% 高锰酸钾溶液浸种 20 分钟，然后用清水冲洗干净即可。穴盘的基质选择育苗专用基质，也可自己配制，可用草炭、蛭石、珍珠岩按 6：3：1 的比例混合，每立方米基质掺入有机肥 2 千克和复合肥 1 千克。使用前，需对基质消毒，每立方米用福尔马林 40 毫升加水 3 千克喷洒基质，用塑料薄膜闷盖 3~4 天后揭膜，待气体散尽，备用。

2. 播种

常规育苗床育苗，采用撒播的方式，每平方米播种量为 15~20 克。辣椒苗伤根后极易感病，所以提倡使用容器育苗，播种前将已装好育苗土的育苗盘或营养钵整齐摆放在育苗床，提前 2~3 天灌足水，待水下渗后播种，一般每穴播种 2~3 粒，播种后要及时覆土，厚度 1~1.5 厘米，然后再覆盖上一层塑料地膜，再覆盖小拱棚以增温保墒。在未出苗前不宜浇水，避免因浇水降低地温而影响种子发芽率，影响种子出苗时间。

（四）苗期管理

播种后至出苗前，以保温保湿为主，不出苗不揭地膜，此期温度一般控制在 25~30℃，在出苗过程中，如出现幼苗"戴帽"，可人工挑开，当出苗达 70% 以上时，要及时揭去地膜。出苗后至子叶展平，可适当降温，白天温度应控制在 22~25℃，晚上温度不低于 15℃，此期温度不可过高，否则容易造成徒长，真叶长出后，要适当提高温度，白天 25~28℃，夜间控制在 15~18℃。

在保证辣椒秧苗不受冻害的前提下，尽量早揭晚盖覆盖物保证秧苗充足的阳光。苗期苗床干燥时，要及时补水，湿度较大时及时放风排湿。辣椒苗期的早期阶段，一般不需要施肥，育苗中后期，用 0.2% 的磷酸二氢钾和 0.2% 的尿素混合溶液，喷施叶面，每 7 天喷施 1 次，喷施 2~3 次。幼苗长至 4~6 片真叶时即可进行移栽，移栽前 5~7 天通风炼苗。

三、定植

在定植前 10~15 天扣好棚膜，提升地温，整地施肥，结合深翻，每公顷施入优质农家肥 60 000~75 000 千克，磷酸二铵 300 千克，硫酸钾 150 千克，然后耙平起垄，以南北向做垄，垄高 25~30 厘米，垄宽 70~80 厘米，垄距 40~50 厘米，每条垄面上铺设 2 条滴灌带和地膜，压严地膜四周。

选择晴天进行移栽，选择植株健壮、根系发达的壮苗，垄上双行定植，按株距 35 厘米双行单株定植，栽苗时地膜开口要适中，栽苗不宜过深，定植完后，再滴 1 次定植水，将水滴透，水渗下后覆土。

四、定植后管理

（一）光温管理

定植后缓苗期 5~7 天不通风，保持高温高湿环境，白天气温 28~32℃，夜间 18~20℃，主要是提高温度，防寒保温，促进缓苗。开花坐果后随外界气温升高逐渐加大通风，白天 25~28℃，夜间 15~18℃。后期气温高时，打开温室顶部和底部风口通风。苗期结合温度，适当延长光照时间。早上温室内不低于 15℃时揭开棉被，随时间推移棉被可早揭晚盖，到中后期不盖棉被。

（二）水肥管理

定植成活后，应及时补充肥水。水分应采取少量多次，配合浇水，冲施化肥，坐果后随水每亩追施尿素或磷酸二氢钾 10~20 千克，每次浇水后要及时中耕除草，以后采收一次追肥一次。结果期可每 10~15 天叶面喷施 0.2% 磷酸二氢钾溶液，预防早衰。

（三）植株调整

及时打杈，将门椒以下侧枝侧芽及时打掉。剪除向内生长的弱枝及徒长枝，以提高果实质量，及时清除、黄叶、病叶及下部老叶，以节省养分，增强透光性。可用绳子吊株或在垄上架简单支架，以利于通风透光及中下部坐果率的提高。

五、辣椒采收

食用方法不同，采收的标准也不同。一般用于鲜食和炒食的青椒，应在果实定形且充分膨大、果肉厚而坚实、果色深具有光泽，辣（或甜）味纯真清鲜时采收，因辣椒素、茄红素、维生素 C、油分等随果实成熟而增加，采收过早会影响品质。结果初期，应适当早采收、勤采收，以保证植株具有较多的开花数及较高的坐果率。门椒、对椒、四门斗椒都应及早采摘，特别是门椒和对椒早摘能减少养分的争夺，以利于以后果实的迅速膨大和继续开花坐果。而制干辣椒要充分红熟后采收，一般在午后进行采收。

第三节　日光温室秋冬茬辣椒栽培关键技术

秋冬茬辣椒主要是指深秋到春季供应市场的栽培茬口，主要供应元旦春节市场。一般华北地区 8 月上中旬播种育苗，苗龄 40~45 天，9 月中下旬定植，12 月中下旬开始采收，直至深冬 1 月。

秋冬茬辣椒栽培在育苗时，防雨、防高温、防暴晒、防徒长以及防病、防虫是苗期管理的重点。苗床要选在高燥、排水良好的地方。播种后要扣网纱防蚜虫，以减少病毒病的发生。

开花结果期处于深冬季节，要注意保温和补光。

一、品种选用

选用抗病抗逆性强、前期耐高温、后期耐低温弱光、生长势强的中晚熟高产优良品种。如迅驰37-74、长剑、巴莱姆等。

二、育苗

（一）育苗场所的准备

采用大棚育苗，育苗前彻底清除苗床、周围杂草以及上茬植物的残枝落叶，用50~60目的防虫网覆盖在大棚的通风口上以防虫，覆盖防虫网后，扣严棚膜闷棚7~10天，利用棚中高温杀死棚中害虫和细菌。

（二）种子处理

根据当地病害主要种类，选择适宜的处理方法。比较常用的是温汤浸种，即种子在55℃水中浸种30分钟可防治疫病和炭疽病，如果防治病毒病，可以将种子放置在70℃的环境下处理72小时，也可以用10%磷酸三钠水溶液浸种15~20分钟或福尔马林300倍液30分钟。浸种后的种子用湿纱布包好放置在30℃进行催芽，每天用28℃左右的温水冲洗1~2次，待种子大部分露白后即可播种，一般需要2~4天。

（三）播种

1. 播种时间

播种期在7月下旬至8月上旬，9月中下旬移栽。

2. 营养土配制

采用育苗盘育苗播种。育苗盘的育苗土要保水、保肥、通气，有机质含量丰富。育苗土可用草炭，在每立方米育苗土中加入15：15：15的氮磷钾复合肥2千克配制。

3. 播种

播种前，先在育苗土中加水调成糊状，然后装到穴盘中，每穴孔播 1 粒种子，播种后，在其上覆盖 0.5 厘米育苗土。播种后，要及时覆盖地膜保墒和搭低拱棚覆盖遮阳网遮阴。

（四）苗期管理

一般播种后 5 天左右开始出苗，7 天左右出齐苗。出苗前，温度控制在 28~32℃，苗盘保持湿润，此期一般不需浇水：早晨和傍晚可撤下遮阳网，让秧苗见光，为防止温度过高，可在晴天 9:00 – 10:00 至 16:00 覆盖遮阳网。遮阴物的揭盖应根据苗情和气候状况调节，阴天不加覆盖物。随苗的生长，每天的遮阴时间越来越短，齐苗 1 周后，可去掉遮阳网。

出苗后至第一片真叶期间，出苗后，温度要适当降低，保持在 22~26℃，夜间温度在 12~15℃，苗土不干不浇水，防治秧苗徒长，幼苗长至 2 片真叶时，应加强浇水，保证苗床长湿不干，若秧苗长势弱，可结合浇水进行追肥，一般每亩苗床冲施 5~7 千克尿素。

秋冬茬苗床管理的重点是防止温度过高，尤其是夜间温度不能太高。通过遮阴、通风、防雨和雨后及时浇水等措施调节苗床温度，防止苗徒长，促进花芽分化。

当幼苗长到 2~3 片真叶时可进行分苗，分苗前要将育苗畦内泼上清水，以防伤根，分苗后注意保湿，防治强光暴晒以促进缓苗。当苗长至 9~10 片真叶时即可进行定植。

三、定植

定植前，每亩大棚施用充分腐熟的有机肥 3 000 ~ 5 000 千克，施肥后，深翻土壤，土壤墒情不足 65% 的，要在耕翻前浇水造墒。细耙整平后，做垄，采用高垄栽培，垄高 20 厘米，垄底宽 60~70 厘米，做垄前在垄底施有机肥 2 500 千克，尿素 20 千克，过磷酸钙 50 千克，磷酸钾 15 千克。之后扣棚，利用太阳能高温消毒 7~10 天。

当幼苗长到 7~9 片真叶时，即可进行定植，定植在晴天上午进行，定植时带育苗土移栽，一般双行定植，行距 60~70 厘米，株距 30~40 厘米，若单株定植则行距 50~60 厘米，株距 25~30 厘米。

定植时尽量不通风或少通风，以防椒苗萎蔫。

四、定植后管理

（一）温度管理

在定植后缓苗期，密闭棚体，控制温度在 30~32℃，一般 3~4 天，即可缓苗。缓苗后，为防止秧苗徒长，促进新根生长，要适当降温保持日温 24~26℃，夜温 16~18℃，但是当晴天中午出现温室内温度过高时，应采取短时间盖花苫遮阴，当夜间温度降到 15℃ 时，应及时盖上草苫，适时保温。

进入花果期要严格掌握温、湿度，以免影响正常的授粉、受精与果实生长，白天保持 24~26℃，夜间为 15~18℃。进入结果盛期后，适当降低夜温，有利于结果。温度可通过控制通风口时间的长短来调节。如夜间温度低于 15℃，覆盖地膜。

（二）光照管理

较强的光照和较长的日照时间有利于生长发育及光合产物的形成。当光照时间不足，光强不够时，可每日补光 2~3 天，也可在不影响辣椒生长温度的前提下，尽量地早揭晚盖草苫。

（三）水分管理

定植后要马上浇定植水，要灌大水，有利于缓苗和根系生长，定植时底水要浇足，缓苗期不用浇水，要控制浇水次数，一般在门椒出现前不用浇水。定植水浇过后，待土壤稍干要进行中耕，中耕不可过深，深度 5~7 厘米为宜，保持土壤疏松透气。对椒坐住后要浇水，保证土壤长湿不干，在开花授粉期，要保持空气湿度在 55%~65%，以利于授粉，若湿度低，可在大棚地面喷水闷棚以增加大气湿度。

盛花期到大量结果期，需水量增加，可多次补水，补水宜在晴天中午进行，可以在小行距中间膜下小沟进行小水缓慢浇灌，使温室内土壤湿度保持在表土见干见湿的程度，以控制土壤湿度。

（四）肥料管理

开花前，需肥较少，可不施肥。对椒坐住后，结合水追肥，每亩随水追施磷酸二铵 8~10 千克，尿素 10~15 千克，施肥要注意促平衡，对植株要促小不促大，促弱不促旺。在四门斗椒做住 5~6 天追施肥 1 次，每亩追施 15∶15∶15 的氮磷钾复合肥 15~20 千克，之后每 7~10 天施 1 次，每次施 15∶15∶15 的氮磷钾复合肥 10~15 千克。

（五）整枝

随着辣椒枝叶的生长，辣椒的株行间通透气性越来越差，影响植株的正常生长发育，因此需进行植株调整。一般侧枝长 10~15 厘米时即需要整枝，整枝要选在晴天的上午进行，2~3 天就需要整枝 1 次疏掉过密的徒长枝、弱枝、副侧枝、空果枝，并去除老叶、黄叶、病叶，拔除部分植株，改善群体的透光条件。整枝后，喷洒一次 500 倍液的 70% 代森锰锌可湿性粉剂保护伤口，防止因整枝造成的病虫害感染。

五、病虫害防治

（一）主要病害

秋冬茬比较常发生的病害主要为病毒病、疫病、灰霉病、炭疽病等。病毒病在高温干旱、日照过强和蚜虫危害的情况下发生严重。防治病毒一是加强棚内温、湿度的管理；二是消灭传播媒介蚜虫，也可用 20% 病毒 A500 倍液喷雾防治；防治疫病，每 5~7 天，每亩用 45% 百菌清烟熏剂 200~250 克，在棚内分堆熏蒸，或用 75% 百菌清 800 倍液，每隔 6~7 天喷 1 次，并结合灌根，每根灌药液 0.5 千克；灰霉病在低温、高湿条件下极易发生。防治方法一是通风降湿，控制棚室内相对湿度不高于 75%，发病初期可用 50% 速克灵可湿性粉剂 1 500~2 000 倍液，每隔 5~7 天喷 1 次，连喷 2~3 次。炭疽病可用 75% 百菌清可湿性粉剂 600 倍液或 70% 甲基托布津 1 000 倍液加 70% 代森锰锌 500 倍液。

（二）主要虫害

虫害主要有白粉虱、蚜虫、烟青虫、螨虫等。白粉虱、蚜虫、用 1 000 倍吡虫啉液防治蚜虫。烟青虫用 50% 辛硫磷 1 000 倍液。螨虫可用 25% 克螨特 1 500 倍液防治。

六、采收

采收要及时。尤其是门椒、对椒的采收，如果采收晚了，会坠秧和影响上部花果的发育，一般在花后 20 天左右采收，采收时间还应考虑市场需求，最大限度获得经济效益对椒以后延长采收，一般在花后 30 天采收。

第四节　日光温室越冬茬辣椒栽培关键技术

越冬茬辣椒生长期长，可一直延续到第二年的 6 月，拉秧后不再种植其他作物，一年只栽培一茬。越冬茬辣椒栽培存在落花落果，产量低等问题。

一、品种选择

要求品种耐低温和弱光能力强，在低温条件下坐果率高，并且连续结果能力好，生长势强不早衰，商品性好，抗病、优质、高产的品种，如中寿 12 号、斯马特、陇椒、亮剑、迅驰等。

二、育苗
（一）育苗时间

越冬茬辣椒的育苗时间比较灵活，主要根据栽培品种的坐果能力和市场需求进行，一般是在 8 月末 9 月初进行育苗，有时也可延续到 10 月中下旬，采用护根育苗，省时省力，苗龄短。

（二）育苗场地

在日光温室或拱棚内育苗。温室内苗床上方要覆盖遮阳网，支拱棚育苗的拱棚上方要覆盖或张挂遮阳网，设施通风处挂40~60目防虫网。

（三）营养土配制 .

选用近3年内未种过茄科作物和未用过旱田除草剂的田块取土，根据土壤肥沃程度加入腐熟农家肥按体积7：3或6：4混合，同时每平方米加入磷酸二铵1~2千克，50%多菌灵可湿性粉剂150克处理营养土，拌匀备用。

也可配制无土穴盘营养基质，用草炭或草炭：蛭石：珍珠岩=2：1：1的比例，每平方米基质中加入烘干鸡粪10千克，优质复合肥1~2千克。

（四）种子处理

种子处理可以杀死种子携带的病菌，是保证播种质量，促进苗全、苗壮的关键。根据各地主要防治病虫害情况，选用不同的处理方法，可选用磷酸三钠溶液浸种或进行温烫浸种。

浸种结束后，将种子淘洗干净，用湿毛巾包好放于25~30℃。温箱中催芽，每天淘洗1~2次，4~5天即可发芽，待70%种子露白后即可播种。

（五）育苗方法

可采用工厂化育苗，也可自己利用营养钵、育苗盘育苗，为防治土传病害和线虫病，提高产量，还可嫁接育苗。

营养钵育苗选用直径8~10厘米的营养钵，钵内装营养土75%左右，播种前1天浇足底水，点种，每钵1~2粒种子，后覆土0.5~1厘米，营养钵上覆盖地膜。穴盘育苗选用72穴的穴盘，规格为4厘米×4厘米×4.5厘米/穴，装满营养土后刮平，其他同营养钵育苗。

（六）苗期管理

1. 温度管理

出苗前白天温度25~30℃，夜间温度18~20℃；出苗后及时揭去覆盖物，白天温度 25~28℃，夜间温度 15~18℃，超过 30℃ 及时放风，低于 25℃ 注意保温，深冬季节气温白天保持在 22~27℃，夜间 15℃ 以上；定植前 7~10 天，白天温度 20~25℃，夜间温度 10~15℃。

2. 水肥调控

一般营养土苗床在播种时浇足了底水，一般能维持到分苗，但要对苗床覆 2~3 次湿细土，以防止苗床板结和苗出土时苗床出现的裂缝，如床土过干，也可用喷壶适当浇水，但不应过大，如湿度过大，易发生猝倒病等。采用育苗基质育苗，由于育苗基质保水能力能力差，浇水的次数要比营养钵育苗频繁，育苗前期只需浇清水即可。育苗期浇水要选在晴天上午，浇温水不浇冷水。播种 7~10 天后，幼苗可能出现生长缓慢、叶片发黄等现象，此时需要追肥，可喷用复合肥配成的营养液，开始时浓度为 0.1%，第一片真叶出现后，浓度提高到 0.2%~0.3%。出苗后育苗营养土见干见湿，避免高温干旱，采用小水勤浇的原则。

3. 光照

在深冬少光季节尽量做到早揭晚盖草苫，可在棚内张挂反光幕，及时清除薄膜上的灰尘，以增强光照时间和光照强度。

三、定植

定植前 15 天覆盖无滴膜，提高地温，然后进行温室熏蒸消毒，密闭温室 24 小时后通风换气。辣椒越冬栽培期较长，需肥量大，应以有机肥为主深施于土壤中。定植前整地施基肥，施入腐熟农家肥 90~150 吨/公顷，过磷酸钙 750 千克/公顷，磷酸二铵 450 千克/公顷，深翻细耙，使肥料和土壤充分混合。一般选取晴天 9:00 前和 16:00 后移栽，以避开高温时段。在定植前 5 天浅翻，每亩施三元复合肥 50~60 千克。高垄栽培，垄宽 80 厘米，沟宽 50 厘米，垄高 25~30 厘米，南北向起垄，垄面耙平，覆盖地膜，挖穴移栽，苗带土坨放入定植穴，株距 35~40 厘米，5~6 天浇缓苗水。

四、定植后管理

（一）温度管理

定植后 7~10 天为缓苗期，此期适宜的温度为白天 30~33℃，夜间 16℃以上。定植后要中耕 1~2 次，中耕深度 5 厘米为宜，缓苗后应适当降低棚温，通过调整遮阳网覆盖时间，白天温度控制在 25~28℃，夜间 18~20℃，保证白天温度不能高于 30℃。日温超过 30℃要及时通风换气，夜间温度不能低于 14℃。进入 11 月下旬，气温逐渐降低，在温度降到 20℃时，要覆盖草苫等外保温设备。严寒期，管理上应以增温为核心目标，尽量维持棚室的温度，白天达到 28~30℃，夜间 14~16℃。

开花结果期，是日光温室越冬茬辣椒生产的关键时期，温度过低易引起落花落果，要注意保温。3 月下旬气温升高，注意控制棚室温度不要太高。5 月以后要注意高温和强光危害，加强通风，降低温度，加大水量，保持湿度。

（二）水肥管理

浇水要根据天气、土壤墒情和秧苗生长情况决定，采用滴管形式防止苗床湿度过大，造成棚室温度降低，门椒出现前一般不浇水，直到大部分门椒坐住后，开始灌第一次水。门椒坐住后结合浇水每亩追施尿素 10 千克，硫酸钾 7.5 千克。对椒出现时进行第 2 次追肥，每亩追施氮磷钾复合肥 20 千克；以后每 10 天施肥氮、磷、钾三元复合肥 30 千克。应结合浇水进行追肥。

（三）植株调整

门椒坐住后，将门椒以下发生的侧枝及时打掉。对植株内部的弱枝，徒长枝及一些老叶、病叶及时摘除。

五、病虫害防治

病虫害防治坚持预防为主、综合防治的原则，加强日常栽培管理，来抑制病虫害发生。幼苗期主要有猝倒病和立枯病，生长期主要有猝倒病、疫病、炭疽病、灰霉病等。常使用的药剂甲基硫菌灵、咯菌清、波尔多液以及一些复配农用杀菌剂；虫害主要是蚜虫、菜青虫、斜纹夜蛾、白粉虱、红蜘蛛等虫害主要用防虫网、黄板诱杀等物理措施防治，药剂可用吡虫啉、螨特乳油、阿维菌素等。

六、采收

要适时采收，以免坠秧。门椒适当早采，其他果实商品成熟后尽快采收，促进营养向其他果实运输，开始采收后，可 3~5 天采收一次，雨天或湿度高时不宜采收，彩色甜椒在显色七八成时即可采收。

第五节　塑料大棚春早熟辣椒栽培关键技术

塑料大棚春提早栽培可利用春季气温回升的自然条件，通过塑料大棚的保温，使正常的露地春茬辣椒供应期由原来的 6 月上中旬提前到 4 月，提早上市 40~50 天，提高了经济效益，已成为满足春末夏初辣椒市场供应的一种主要栽培模式。

一、品种选择

选择早熟、耐寒抗病、耐低温弱光、易坐果、高产、大果、商品性好的品种。如中椒 2 号、甜杂 1 号、37-74，寿光羊角椒等。

二、育苗

（一）育苗时期

根据辣椒需要的苗龄和大棚内前茬作物可腾地的时间确定育苗时期。由预计的定植期间前推至少 90 天即为播种适期。黄淮地区冷床育苗一般在 10 月中下旬育苗，温床育苗一般在 11 月下旬至 12 上旬。

（二）育苗设施

一般要在大棚中育苗，并且要加盖小拱棚，冬前在棚内畦上按间距 60 厘米插拱杆建小拱棚，覆盖小拱棚膜，寒冷时再在小拱棚膜上加盖草帘或无纺布，地膜以白色无滴地膜为好。采用营养钵法或有机基质穴盘育苗（育苗移栽）。

（三）营养土配制

用未种植茄科作物的田土与经无害化处理的有机肥的按 7：3 或 6：4 比例配制营养土，立方米营养土中再加入 2~3 千克过磷酸钙或三元复合肥，并充分拌匀过筛。或采用育苗专用商品有机基质。

（四）种子处理

种子在弱光下晾晒 2~3 天，然后用约 55℃的热水烫种并不停地搅拌 15 分钟或种子用水浸 5~6 小时后用1%硫酸铜溶液浸泡 5 分钟。清水洗净后晾干直接播种，也可催芽；催芽温度控制在 20~30℃，多数种子露白即可播种。

（五）播种

播前用营养土做成宽 1.2~1.3 米，高 10~15 厘米的高畦，细耙整平，播种前用水喷透床面，均匀撒播种子。

（六）苗期管理

播种后覆盖地膜，搭盖小拱棚。白天温度不超过 27℃，下午降 到 20℃时盖上草帘，至出苗前不 通风。多数种子出苗后，揭除地膜，出苗后覆细土保墒，每次覆土 0.5 厘米，注意间苗，使苗距在 2 厘米左右，出齐苗后降温，白天 22~24℃，夜间 12~14℃，7 天后进入正常管理，白天 25~30℃，夜间 14~18℃。

当苗具 2~3 片真叶时，选晴天分苗，分苗前 3~5 天，苗床要降温，加大通风、控制水分、锻炼秧苗、边起苗、边移栽、边浇水。

分苗前 7~10 天，搭建分苗大棚并及时扣膜，整平棚内畦面，用 8~10 厘米规格的营养钵灌入营养土排放于畦面待用，或采用 50 穴／盘的穴盘，灌装有机基质后于畦面排好，浇透水后准备分苗。

分苗后，白天气温控制在 26~30℃，地温宜在 18~20℃，低温温度低于 16℃时缓苗缓慢，低于 13℃则停止生长甚至死亡；缓苗后降低温度，白天 20~24℃，夜间 15~17℃，在定植前 2 周可进行叶面喷肥，逐渐揭除小拱棚的草帘及薄膜，进行炼苗，使幼苗逐渐适应大棚温度。

三、定植

栽培田尽早腾茬，清园，定植前深耕，结合耕地，每亩施用经无害化处理的有机肥 4 000~6 000 千克、三元复合肥 30~50 千克，定植前 7~10 天搭建栽培棚并扣膜闷棚。

采用起垄栽培，有利于提高地温，建议采用南北向的垄栽，垄距 100~110 厘米，垄底宽 40 厘米，垄高 20 厘米，然后铺上地膜，选具 6~7 片真叶、叶色浓绿、茎粗节间短、无病虫害的壮苗，于晴天按株距 30 厘米，行距 40 厘米开穴定植，并及时浇透定根水。

四、定植后管理

定植后闷棚 3~5 天，为促进缓苗，要保持高温高湿，缓苗后恢复适温管理，即白天 25~28℃，最高不超过 30℃，超过 30℃，适当通风，排湿降温，下午在温度降到 17~18℃时盖草苫，夜间尽量保温，维持在 18~20℃。开花期进入春季，要注意加大通风量，适当晚盖草苫，防止温度过高，但也要注意防止倒春寒天气，草苫要到 4 月中旬才可除去，采收期温度较高，注意白天不要高于 30℃，夜温在 20℃左右，夜温低于 15℃以下时容易出现"僵果"。最好是分段管理，晴天白天上午 22~28℃。下午 25~26℃，上半夜保持 22~23℃，后半夜 16~18℃。

采收初期至采收盛期，光照对光合作用十分重要，确保每天必要的光照时间。尤其是寒冷阶段的连续阴雨天，应通过草帘揭盖时间的掌控，在不影响植株生长的温度范围内，尽量增加光照。要求空气相对湿度为 60%~70%，空气湿度低时，对光合作用、授粉等不利。

前期尽量少浇水，若浇水最好浇暗水，以利提高地温和缓苗，门椒坐果开始每 7~10 天浇水一次，盛果期 2~3 天浇一次水忌大水漫灌。早春栽培除基肥外，辣椒需肥主要集中在采收初期至采收盛期，在门椒、对椒、四门斗椒坐果后各追一次肥，结合灌水进行追肥，追肥时用肥量不宜太多，必须氮、磷、钾肥配施，一般每亩棚地追施三元素复合肥 7~10 千克。

进入炎热季节植株生长势强，植株高大，应及时立支架防倒伏，为促进结果，要进行整枝，及时疏枝疏叶，门椒以下的侧枝及时抹掉，结果期将植株下部老叶、病叶打掉，四门斗椒坐住后，隔行将其上部留 1~2 片叶剪去促进继续抽枝结果，随时剪去多余枝条或已结果的枝条，并疏去病叶、病果。

早春辣椒生长中后期，温度高，光照强，辣椒易患病毒病、日烧病等，可用遮阳网遮阴，可减轻病害，提高后期产量及品质，延长生长期。

五、病虫害防治

按照"预防为主，综合防治"的植保方针，坚持以"农业防治、物理防治、生物防治为主，化学防治为辅"的无害化防治原则。

六、适时采收

早春茬要及时采收，以促进坐果，提高产量及效益。3 月中下旬或 4 月初开始采收，结果初期要适当早摘，结果后期适当晚摘，以增加产量和效益。

第六节　塑料大棚秋延后辣椒栽培关键技术

秋季塑料大棚辣椒延后栽培技术是利用塑料大棚保温及防霜性能，使已结果的辣椒延长采收期，提高辣椒经济效益的一项新技术。辣椒的育（幼）苗期在 7 月中下旬，正值一年中光照强、高温多雨、病虫害发生严重的季节，生长后期处于低温寒冷易发生果实冻害的时节。在这样的环境条件下对辣椒生长十分不利。所以必须在栽培时加强管理与预防。

一、品种选择

宜选用耐热、抗旱、抗病毒病能力强、果实大且坐果集中、耐贮运、红熟速度快的丰产优质品种。如苏椒 5 号、江蔬 2 号，37–74 等。

二、育苗

（一）育苗时间

根据上市期不同，合理选择播种期，中熟品种可适当早播，早熟品种可适当晚播。播种期多在 6 月下旬至 8 月中旬，其中 6 月下旬至 7 月中旬播种，可在 9 月下旬至 12 月上旬上采收上市，而元旦前后上市的在 7 月下旬至 8 月上中旬播种。

（二）营养土配制及装钵

秋延后辣椒的育苗和定植时间均处于气温较高的时节，为了减少病毒病的侵染，保证全苗，最好要使用营养钵护根育苗，并做到一次育苗不分苗。

营养钵土选择 3 年内没有种过茄科蔬菜的肥沃田园土和充分腐熟发酵的有机肥以 6∶4 或 7∶3 的比例混合，拌匀过筛后，按每立方米 50% 多菌灵 80 克拌匀，堆闷 24 小时后装钵。苗床土消毒，每亩用 50% 多菌灵 2 千克对 100 千克细干土闷 24 小时，撒入苗床。

（三）种子处理

在播种前晒种 1~2 天，用 55℃ 温水浸烫 20 分钟，再用高锰酸钾 1 000 倍液浸种 15 分钟消毒，再用清水浸种 7~8 小时，沥干多余水分，用湿纱布包好，放在 30℃ 下催芽，大部分种子露白即可播种。

（四）播种

播种当天浇足底水，等水渗透钵下，营养钵表面土无积水稍干时播种，每钵摆 1~2 籽，间隔 1 厘米，播后盖好 0.5~0.8 厘米的土。

土表盖一层湿草苫或其他保持土壤湿度的覆盖物，保温促出苗。

（五）苗期管理

塑料大棚秋延后辣椒育苗期处于高温季节，此时正是光照强，病虫害发生严重的时节，应配备遮阴和防虫设备，播种后立即搭建小拱棚，小拱棚上覆盖 40~60 目的防虫网，棚外覆盖一层黑色遮阳网，晴天每日 8:00 覆盖遮阳网，16:00 揭开。下雨天在网外及时加盖农膜避雨，雨停立即揭膜，注意防止雨水直接冲刷育苗床。注意播后经常检查出苗情况。当有 60% 幼苗出土时及时揭去土表覆盖物，以免烧芽或徒长，土壤过干时及时在早晚喷水，喷水要多次小水浇灌，做到见干见湿。缓苗后使棚内温度、湿度适当降低，以防幼苗徒长，白天 23~25℃，夜间 15~17℃。4~5 天后，进行正常的温度管理，即白天 25~28℃，夜间 15~20℃。

三、定植

定植前每亩施腐熟有机肥 3 000 千克，充分腐熟的豆饼 100 千克，硫酸钾 8~10 千克，复合肥 20 千克。深翻 20 厘米，将地整平，铺设滴管带后铺上地膜，并在大棚上覆盖遮阳网。定植期一般在 8 月下旬。当苗高 15~20 厘米，具 9~10 片叶，80% 幼苗现蕾时及时定植。选择阴天或晴天傍晚时分定植，实行宽窄行种植，宽行 60~70 厘米，窄行 40~50 厘米，株距 30 厘米，每亩定植 4 000 株左右。

四、定植后的管理

（一）光温管理

秋延后辣椒前期高温，后期低温，因此温度调控非常重要。9 月中旬前温度较高，当温度高于 30℃，应在大棚膜上加盖遮阳网降温，并将大棚两端及腰部棚膜卷起，加大通风，低于 28℃ 时可揭除遮阳网。10 月中旬以后随着温度的降低，当夜温降至 15~17℃，放下大棚裙膜保温，10 月下旬第一次寒流到来之前，及时搭建小弓棚，盖弓棚膜，11 月下旬在小拱棚盖草帘，外界天气渐冷，主要以保温为主，要适当减少棚内通风，每天可掀开草帘一边，让辣椒见到部分散射光，当外界温度下降到 5℃，夜间开始覆盖保温被。尽可能降低棚内空气和土壤湿度，每天在中午前后进行通风，傍晚时分进行保温覆盖，减少夜间热量散失，以促进秧苗健壮和使其免受冻害。

（二）肥水管理

辣椒定植后浇足定植水，缓苗期尽量少揭棚膜，保持较高的温度和湿度促进缓苗，缓苗期不宜浇水，缓苗后高温缺水时适当利用滴管进行补水，门椒坐稳后应浇水促进果实膨大。辣椒坐果期需要坚强肥水的供应，在四门椒坐住后，结合浇水追一次肥，一般每亩施三元复合肥 15~20 千克，在以后的盛果期一般采摘两次，追一次肥，结合浇水每亩施三元复合肥 10~15 千克，后期也可叶面喷施 0.3%~0.4% 的尿素或磷酸二氢钾，以利上部果实的膨大，间隔 10~15 天喷 1 次。

（三）植株调整

一般在 10 月底要对植株整枝，为减少发病，要选晴暖天上午整枝，待侧枝长到 10~15 厘米长时开始抹杈，要从侧枝基部 1 厘米左右远处将侧枝剪掉，留下部分短茬保护枝干。以减少养分消耗，保证果实生长，剪掉枝条时不要紧贴枝干将侧枝抹掉，避免伤口染病后，感染枝干，随时摘除植株下层老叶或病叶。门椒下的侧枝应及早全部抹掉。辣椒的侧枝生长较快，要勤抹杈，一般每 3 天左右抹杈一次。

五、病虫害防治

秋冬延后栽培辣椒时病虫害较多，主要病害有灰霉病、疫病、炭疽病、枯萎病等，主要虫害有：烟青虫、红蜘蛛、蓟马、小菜蛾等，在防治上应采取以农业防治为主的综合防治措施；选择高抗性品种，强化日常田间管理，积极推广生物防治措施；减少化学农药的用量；利用太阳能杀虫灯、黄板等诱杀虫害，减少病害传播途径，巧妙合理使用高效、低毒、无残留的化学农药，药剂防治优先采用粉尘法、烟熏法，注意轮换用药，合理混用。

六、适时采收

秋延后辣椒栽培要及早采收门椒，一般在10月上旬即可采摘，具体因播种期而异，门椒要适当早采收，以免坠秧和影响上层果实充分生长，在果肉变硬时采收为宜。

第七节　日光温室辣椒嫁接栽培技术

设施辣椒栽培由于多年连作，重茬严重，土传病害逐年加重，对辣椒生产构成了严重威胁，嫁接栽培，在规避辣椒土传性病害的同时，还可提高辣椒产量，在辣椒生产中发挥着越来越重的作用。

一、品种选择

砧木选用对土传性病害抗性强的品种作为嫁接砧木，如韩国朝天椒、瑞旺1号、2号野生辣椒品种、PFR-K64等，接穗选择，根据栽培目的以及种植茬口，合理选用优质、高产、抗病、抗逆性强、适应性广、商品性好的辣椒品种。如越冬栽培宜选用抗寒、耐阴、耐湿品种如寿光羊角椒、迅驰等。

二、育苗

（一）茬口及育苗时间

日光温室越冬茬可8月下旬9月初播种育苗，10月中下旬定植，元旦前后开始采收。早春茬10月初育苗，12月底至1月初定植。

（二）嫁接育苗

1. 育苗土的配制

田园土与腐熟农家肥7∶3或6∶4的比例混合，每立方米土再加磷酸二铵2~3千克，消毒可每立方米用福尔马林25~30毫升对 3 升水喷施消毒，外覆塑料薄膜，密闭 3 天后可使用。

2. 种子处理

播种前砧木与接穗的种子均用 55℃ 热水烫种 20~30 分钟，边烫边搅拌，水温降低至 25~30℃ 时浸种 10~12 小时，捞出洗净后可直接播种也可催芽播种。

3. 播种

砧木播种期应比接穗早 5~10 天，即砧木两片子叶完全展开后再播种接穗。可将处理后的种子直播在营养钵或穴盘中，营养钵通常使用 8 厘米 ×8 厘米 ~10 厘米 ×10 厘米规格，穴盘可使用 50 孔或 72 孔穴盘，基质宜采用辣椒育苗专用基质；也可先在苗床育苗，再移栽到营养钵或穴盘中。

4. 播种后管理

播种后土温保持 28~30℃。当幼苗拱土时降到 27~28℃，夜间土壤最低温度保持 18~20℃，以促进出苗。幼苗出土后白天的最高气温应维持在 25~28℃，嫁接前一般不浇水，床土保持湿润即可，苗齐后若苗床干旱，可适当浇小水。

当长到 2~3 片叶可进行分苗，植之后要适当提高温度以利缓苗。缓苗期间白天气温应保持 28~30℃。土壤温度不宜低于 20℃。根据植株长势逐渐开风口，升棉被。缓苗以后白天维持 26~28℃。

5. 嫁接

辣椒常用的嫁接方法是劈接法和斜切接法（图 5-7-1）。

（1）劈接法。当砧木长到 5~7 片真叶时开始嫁接，先用刀片横切地面向上 4~7 厘米处砧木茎，砧木保留 2~3 片真叶，用刀片平切掉砧木上半部，用刀片在茎中间垂直向下切入 0.8~1 厘米的切口，再将接穗苗起出，切下接穗，切去下端，保留 2~3 片真

1. 斜切接　　　2. 劈接

图 5-7-1　嫁接

图5-7-2　嫁接辣椒苗

叶，断面削成双面楔形，楔形长短为0.8~1厘米，将削好的接穗插入砧木的切口中，对齐后用方形嫁接夹固定（图5-7-2）。

（2）斜切接嫁接法。砧木保留2~3片真叶，用刀片在节间斜切30°斜面，长1~1.5厘米。接穗保留2~3片真叶，斜切成与砧木斜面方向相反的斜面，长1~1.5厘米，与砧木斜面相适应，对齐一边，将2个斜面对齐贴合，用方形嫁接夹固定。

嫁接的场地要注意选择避风场地，最好是在温室或大棚里进行以防止污染，嫁接使用的刀具必须锐利，并且注意消毒，以避免病菌交叉感染。

6. 嫁接后管理

嫁接后及时搭建小拱棚，在拱棚底部铺上地膜，充分浇水后盖上塑料膜四周密闭，并在上面覆盖遮阳网，将嫁接苗及时移入小拱棚内。辣椒嫁接苗成活率的高低与嫁接后的管理有密切的关系。嫁接后5~7天是接口的愈合期，这段时间要创造有利的温度和湿度及光照等条件，促进接口愈合。

嫁接苗在接穗愈合初期适宜温度白天25~28℃，夜间20~22℃，温度过低或过高都不利于接口愈合，温度超过30℃，要及时用草苫、遮阳网遮阴，最低不能低于20℃，一般5~7天后可度过嫁接愈合期，嫁接后3~4天需要较高的空气湿度，湿度保持在90%~95%为宜，之后保持在80%左右，湿度不足时不能直接喷水，可以地面给水的办法增加湿度。如遇阴雨天棚内湿度过大时，应及时放风排湿，否则容易发生伤口。嫁接后3~4天要全面遮光，在小拱棚的薄膜外层覆盖 4~6 层遮阳网，以后半遮光，逐渐将遮阳网一层一层去掉，并且逐渐通风，由小到大，10 天以后恢复到正常管理水平，阴雨天可不遮光。

接穗处木质化后进入正常管理，空气相对湿度控制在 70% 左右，浇完水后注意通风排湿，辣椒苗上长出的不定根要及早除，砧木上的侧芽也要及早抹掉，当接穗长到 6 片真叶时，嫁接 15~20 天即可定植。

三、定植

对土壤深翻后扣棚，利用太阳能高温闷棚 7 天。定植前整地施基肥，每亩施优质腐熟农家肥 8 000~12 000 千克、复合肥 20 千克、硫酸钾 15~20 千克，按垄面宽 80 厘米起垄，高 20~25 厘米，起垄完成后铺设地膜。

定植时选晴天上午进行先在垄上打定植穴，大小视苗坨尺寸而定，每穴定植一株。双行定植，株距 40 厘米，行距 50 厘米，定植过程中要注意保护根系，严防散坨及人为损伤。营养钵育苗的定植前要给苗床少量浇水。

四、定植后管理

在生产过程中具体管理应嫁接辣椒比不嫁接的辣椒在同期温度管理中高 1~2℃；在施肥上，要比不嫁接的辣椒同期施肥增加 10%~20%。

缓苗期要提高温度、增加空气湿度，管理上以促进根系生长为中心。白天温度控制在 30~32℃，夜间温度控制在 15~18℃。缓苗结束后适当降低温度，白天 25~30℃，超过 30℃ 及时放风。缓苗期空气湿度以 70%~80% 为宜，以后空气湿度维持在 50%~60%。缓苗期适当遮阴，缓苗后保证光照充足，在温度允许的情况下草帘尽量早揭晚盖，要及时打杈，摘除老、病叶，保证株间透光良好。

定植后灌足缓苗水，至门椒膨大前基本不再浇水，门椒膨大时浇一次水，可结合浇水每亩追施尿素和磷酸二铵各 25~30 千克，促进果实快速生长。以后随着辣椒果实的生长对水肥的要求逐渐增大，应逐步加大水肥的施用量，灌溉水温度要求在15℃以上，以后视土壤墒情进行浇水，原则是见干见湿，小水勤浇，一般2~3次水带肥一次，随水施尿素10~15千克和磷酸二氢钾5~10千克。

及时整枝，门椒以下各叶间发生的腋芽，要及时抹去，生长中后期要及时疏去徒长枝、细弱枝、下垂枝和病枝，改善通风透光条件。如果腋芽萌发枝条，可将其摘心处理。对一些老叶、病叶要及时摘除。辣椒忌枝条重叠，前期剪除拥挤枝条，以防直立生。

五、病虫害防治

由于辣椒采取了嫁接栽培，常见土传性病害很少发生，重点防治病毒病、灰霉病、绵疫病、软腐病、细菌性叶斑病等。常见虫害有白粉虱、蚜虫、甜菜夜蛾、棉铃虫等，采取预防为主，综合防治的方针，应用高效、低毒、低残留的新型生态农药，严禁选用毒性大、残留高及残效期长的农药。在具体措施上，应及早采用高温闷棚、使用防虫网、挂粘虫板等技术；当病害发生时，要及时的喷药。

六、采收

温室辣椒一般在果实变硬后采收，采收时间不可过晚，以免坠秧造成落花，影响后期产量。尤其在遇到连阴天气时可提前摘果，并保证下阶段提早开花结果，因管理不当而出现的僵果、尖果、红果要及时采收。

由于塑料大棚、日光温室和其他保护地设施栽培的大规模发展，已实现了辣椒的周年生产和均衡供应。但是，随着辣椒栽培面积的扩大和栽培方式的多样化，病虫害也渐趋复杂和严重，导致辣椒减产和品质变劣，限制了辣椒生产的持续发展。

第一节　辣椒常见病害的识别与防治

根据辣椒病害有无侵染性，可将辣椒病害分为两类：一类病害主要是由真菌、细菌、病毒等病原引起的具有侵染性的病害；另一类病害由于内在因素或因受气候条件、营养、栽培管理等不良环境条件影响而产生的各种各样的生理障碍，统称为生理性病害。

一、辣椒生理性病害

（一）日灼病

1. 症状

幼果和成熟果均可受害。是由阳光直接照射引起，症状出现在裸露果实的向阳面上，发病初期退绿，略微皱褶，呈灰白色或微黄色（图6-1-1），以后病部果肉失水变薄呈透明的革质状，继而病部扩大，组织坏死变硬，易破裂。后期病部易受病菌感染长出黑色或粉色霉层，甚至腐烂。

图6-1-1　日灼病

2. 发生原因

钙在辣椒代谢中起重要作用，当土壤中缺钙或施用氮肥过多，引起钙的吸收障碍，易发生日灼病，枝叶生长不旺盛，果实外露、果皮薄的品种，易发生日灼果。此外，土壤干旱缺水、棚室温度过高、雨后暴晴、土壤黏重、低洼积水、病虫害发生严重的田块或种植过稀等因素都会引起日灼病的发生。

3. 防治措施

（1）选用枝叶生长旺盛的品种。

（2）加强肥水管理。小水多次，肥水同施，促进椒苗根深叶茂，提高植株的抵抗能力开花结果期喷施钙肥，增施钾肥、及喷洒含铜、锌等微量元素的肥料，提高辣椒抗热性，可减少椒果被灼伤概率。

（3）高温遮阳。调控温室温度和湿度防止结露，在夏秋高温时段，可以使用遮阳网进行遮阳，以避免椒果被强光直接照射。

（4）定植密度要适中。适度密植，根据不同的品种特性，选择合理的株行距。

（5）做好辣椒病虫害防治，防止植株受害早期落叶，减少青果暴晒，防止日灼果发生。

（二）脐腐病

1. 症状

发生初期在果实脐部及脐部周围出现暗绿色、水渍状斑点，

随病情发展斑点变为暗褐色，逐渐扩大成较大病斑，有时可扩展至果实的一半，造成病部果肉皱缩、凹陷，黑色坚硬（图6-1-2），空气潮湿时表面真菌腐，产生各种霉层，常为黑色、白色、粉红色等。

图 6-1-2　脐腐病

105

2. 发病原因

主要原因是因为植株体内缺少钙元素，造成钙元素缺失的原因主要有土壤中缺钙元素，或者酸性土壤会抑制植株对钙元素的吸收，或者肥料施用不合理，如施用过多铵态氮肥或钾肥会阻碍植株对钙的吸收等，都易发脐腐病。此外土壤墒情忽高忽低，或空气干燥、持续高温时，辣椒根系吸水受阻，导致果实缺水，果肉坏死，也极易产生脐腐果。

3. 防治措施

（1）选用抗脐腐病能力较强的品种。

（2）采用地膜覆盖技术，保持土壤水分相对稳定，避免水分变化激烈，减少土壤中钙质的淋失。

（3）加强肥水管理，均衡施肥，重施有机肥，及氮磷钾肥，适时补充微量元素，尤其是结果期，适时进行叶片追肥，喷施含硼、钙等微量元素的肥料，均衡供水，平衡土壤湿度，坚持少量多次、肥水同施的原则。

（三）僵果

1. 发病症状

又称石果、单性果、雌性果。早期发病辣椒果实呈小柿饼状，后期果实呈草莓状，果皮厚而硬，果实不膨大，果内无籽或籽少，无辣味（图6-1-3）。

图 6-1-3　辣椒僵果

2. 发病原因

（1）生长环境不适宜。辣椒开花期，如果遇到13℃以下低温或35℃以上高温条件，则会造成花粉不能正常发育，雌蕊不能正常受精，出现单性结实，这种果实由于缺乏生长激素，细胞伸长不良，果实不大，形成僵果。花芽分化期，环境干燥，也容易形成僵果。

（2）植株徒长或坐果过多。在辣椒生长过程中，如果植株营养生长过盛，幼果得不到足够的营养，就会停止生长形成僵果；另外植株生长势较弱时，若坐果数量过多时，也会形成僵果。

3. 防治措施

（1）花芽分化、授粉、受精期，保护地要做好温度控制。

（2）适时分苗。必须在 2~4 片真叶时分苗，谨防分苗过迟影响花芽分化时养分供应，造成瘦小花和不完全花，而影响授粉和受精。

（3）培育壮苗，提高抗病能力，减少僵果发生率。

（四）落叶、落花、落果

1. 症状

辣椒落叶、落花、落果，也称为辣椒的"三落"，是辣椒在结果期常见的现象，对产量影响很大，前期或是花蕾脱落，或是落花，或者是果梗与花蕾连接处变成铁锈色后落蕾或落花，或果梗变黄脱落；在生长中后期则落叶，使生产遭受严重损失。

2. 发生原因

"三落"的直接原因是在花柄、果柄、叶柄的基部组织形成了离层，与着生组织自然分离脱落。开花期温度低于 15℃ 或高于 30℃ 或光照不足，空气相对湿度高，都会影响授粉受精而导致落花，花芽分化期或开花期肥料不足，尤其是硼肥不足，也会容易落花；昼夜温差小、土壤干旱或水分过多、植株密度过大，光照不足，高温雨涝，病虫危害等都易造成"三落"。

3. 防治措施

（1）加强肥水管理，重施有机肥，生长前期，要控施氮肥，避免徒长，采收期还要及时追肥，可减轻辣椒"三落"病。

（2）在辣椒花芽分化期、开花坐果期尤其在花蕾含苞待放到刚开放，喷施锌、硼、钙等中微量元素齐全叶面肥，提高坐果率以及促进果实膨大。

（3）及时进行温湿度调控管理。

（4）适当密植，使植株生长发育协调，中耕培土，进行恰当培土，避免倒伏。

（5）及时及早防治病虫害，防止落花、落果的大面积发生。

（五）辣椒生理性卷叶

1. 病症

初期叶片的两侧微微上卷或下卷，严重时叶片纵向上卷，呈筒状，变厚、变脆、变硬，卷叶减少了叶片光合作用的面积，影响辣椒产量。

2. 发生原因

高温强光照易引发卷叶，如果同时又供水不足，卷叶更严重。故夏季辣椒易发生卷叶现象，植株果过多，叶面积不足时，叶片因为营养被大量用于果实生长，自身营养不良也会发生卷曲；肥水不当，肥水供应不足或过量偏施氮肥，土壤中缺铁、缺锰等微量元素也易发生卷叶；摘心过早或摘心时留叶不足情况下，较容易发生卷叶；病虫如蚜虫、茶黄满等危害严重时，也容易引起叶片卷曲。

3. 防治方法

适时、均匀浇水，避免土壤过干或过湿；合理密植，避免强光照射；在高温时，可盖草苫遮阴，并及时放风；加强肥水管理，防止脱肥和脱水，空气干燥造成卷叶时及时喷水或浇水，发生缺素所致的卷叶，可对症喷施复合微肥 1~2 次；及时防治害虫。

二、辣椒病理性病害

（一）辣椒疫病

辣椒疫病是辣椒生产上的一种世界性分布的毁灭性病害，病原为辣椒疫霉菌，寄主范围较广，除辣椒外还能寄生黄瓜、番茄、茄子、洋葱等和一些瓜类作物。疫病流行速度快，常导致植株成片死亡，一般病株率 20% 左右，重者达 80% 以上，损失严重（图 6-1-4）。

1. 症状特点

苗期、成株期均可发生，以成株期受害较重，主要危害茎、叶、果实，尤其是茎基部最易发生。茎部发病，茎基部初呈暗绿色水

| 1. 为害茎部 | 2. 为害果实 |

图 6-1-4 辣椒疫病

溃状，随后逐渐扩大颜色逐渐加深，最后引起软腐或猝倒、立枯状死亡，潮湿条件可见病部白色霉层。叶片发病，圆形或近圆形病斑，中间暗褐色，边缘呈黄绿色，水渍状，后病斑扩展成长圆形、不规则形，病斑由黄褐色转为黑色，最后致使叶片软腐脱落；果实发病，多在果实蒂部或果缝处开始，初为暗绿色水渍状的不规则形病斑，迅速向果面扩散，致果肉软腐，脱落，干燥天气则病果呈暗褐色僵果挂于枝上。

2. 发生规律

病原菌主要以卵孢子或厚垣孢子在土壤、病残体或种子中越冬。其中土壤中的病原菌是主要初侵染源，卵孢子在土壤中一般可存活 3 年。环境条件适宜时，卵孢子萌发侵入寄主，并在病株上产生孢子囊和游动孢子，寄主病斑上的孢子囊及所萌发的游动孢子又借风雨形成再次侵染，而在干旱少雨年份灌溉水流是传播重要途径，具土壤、空气传播并存的特性。

高温高湿是疫病发生的主要诱因，发病最适宜气候条件为温度 25~30℃，相对湿度 85% 以上，一般在大雨过后天气突然转晴气温快速升高，辣椒疫病最易发生；与茄科或瓜类蔬菜连作发病较重，地势低、土质黏重，排水不良，通风透光性差的地块发病严重，此外不同的品种抗性亦有差异，甜椒类更易发病。

3. 防治方法

（1）选用耐病及耐涝的优良品种。

（2）严禁连作，与豆科、禾本科等实行 3 年以上轮作。

（3）合理密植，采用护根育苗方法，高畦或起垄种植，阴雨天及时通风排湿。

（4）加强田间管理，科学施肥，有机肥为主，增施磷钾肥，提高植株抵抗力，中耕松土，浇水时不得使用大水漫灌的方式，控制浇水，密切观察辣椒的生长情况，发现病株及时拔除，并集中深埋或烧毁。

（5）药剂防治：药剂可选用 72.2% 双霉威（普力克）水剂 600~700 倍液，或用 40% 美帕曲星可湿性粉剂 250 倍液，或用 72% 克露可湿性粉剂 800 倍液，58% 甲霜灵锰锌可湿性粉剂 500 倍液，在发病初期喷药，每隔 7~10 天喷 1 次，连用 2~3 次，具体视病情发展而定。或用 25% 甲霜灵可湿性粉剂 800 倍液加 40% 福美双可湿性粉剂 800 倍液灌根，每隔 7~10 天灌 1 次，病情严重时可缩短至 5 天，连续防治 3~4 次。

（二）辣椒灰霉病

1. 主要症状

苗期、成株期均可发病。幼苗期第一片真叶以后，子叶、幼叶均可感病，发病从子叶开始变黄，后扩展到幼茎，缢缩变细，子叶腐烂，幼苗倒折死亡。成株期为害叶、花、果实。发病时，茎部产生不规则水渍状病斑，初为褐色后变灰白色，病斑发展至绕茎一周，病部以上枯死；叶片受害边缘出现水浸状病斑，初为淡黄褐色病斑，逐渐变褐，密生灰色霉层；花器染病，花瓣呈褐色萎蔫，花丝、柱头也呈褐色，病花上常密生灰色霉层；果实为害，初为水浸状褐色病斑，后病斑扩大，并呈暗褐色，果实凹陷腐烂（图 6-1-5）。

2. 发生条件

灰霉病主要以菌核的形式在土壤中或是以菌丝、分生孢子形式在病残体上越冬，在适宜的条件下萌发菌丝，产生大量的分

1. 病果　　　　　　　　2. 病叶

图 6-1-5　辣椒灰霉病

生孢子，分生孢子通过空气、雨水传播蔓延，病菌发育最适温度 20~23℃，在低温高湿下最易发病，阴雨天气，棚内相对湿度 90% 以上，灰霉病病情严重。此外，植株密度过大，光照不足，排水不良，偏施氮肥地块易发病。

3. 防治方法

（1）选用耐低温、耐湿的抗病品种．

（2）加强苗期管理，栽培环境要注意通风排湿，控制浇水，降低床内湿度，雨后及时排出积水。

（3）及时清除病叶、病株、病果，减少菌源。

（4）药剂防治。在发病前，用霉止 50 毫升 + 沃丰素 25 毫升 + 大蒜油 15 毫升 + 有机硅对水 15 千克，定期喷雾预防或发病后用霉止 70~100 毫升 + 大蒜油 15 毫升 + 沃丰素 25 毫升 + 有机硅对水 15 千克连喷 2~3 次，3 天喷施 1 次。也可使用 50% 多霉灵可湿性粉剂 1 000 倍液，或用 28% 灰霉克可湿性粉剂 700 倍液，或用 50% 福异菌（灭菌灵）可湿性粉剂 800 倍液，每 5~7 天喷药 1 次，喷药次数视病情而定。

（三）辣椒猝倒病

辣椒猝倒病是辣椒苗期极易发生的病害，严重时会造成整床秧苗的死亡，不但为害辣椒也为害茄子、番茄、瓜类、甘蓝、芹菜等蔬菜，在种子发芽至出土前即可发生。

1. 病害症状

是辣椒苗期重要病害之一。种子播种后染病，可造成烂种、烂芽，使种子不能萌发；出苗后多在幼苗长出 1~2 片真叶前发生，幼苗感病，茎基部出现水渍状病斑，逐渐变为黄褐色，条件适宜时病斑迅速扩展，可绕茎一周或半周，使幼苗茎部缢缩，

图 6-1-6　辣椒猝倒病

初期仅个别幼苗发病，病害发展快速，最终导致成片的幼苗猝倒死亡（图 6-1-6）。苗床潮湿时，病部可产生白色絮状菌丝体。

2. 发病规律

该病属土传性病害，病菌以卵孢子或菌丝在土壤中越冬，在适宜条件即可萌发产生孢子囊，并释放出游动孢子，或者直接产生芽管侵入寄主，造成幼苗感病，病菌借雨水、灌溉水传播，最适生长温度为 15~16℃，土壤含水量大、空气潮湿、光照不足适宜病菌生长。播种密度过大，分苗不及时，或低温高温持续时间长，都会加重该病的发生。一般早春苗床发病较为严重。

3. 防治方法

（1）选用抗猝倒病品种。

（2）严禁连作。与非茄科、瓜类作物实行 2~3 年轮作。

（3）选择地势高燥、排灌方便、透气性好的无病原地块。

（4）加强苗床管理，培育壮苗。播种时要注意稀播，出齐苗后，要注意适时通风，防止苗床湿度大。保持育苗设备透光良好，加强苗床温度、湿度管理，注意通风降温排湿，加强土壤中耕，增加光照，促进秧苗健壮生长；发现病株及时拔除。

（5）药剂防治。播种前对苗床土进行消毒，方法是每平方

米用40％甲醛30毫升，对水80倍，喷洒，然后用塑料薄膜封闭，4~5天后除去薄膜，翻动床土晾晒15天左右。

　　发病初期也可采用药剂喷施的方法。可喷洒72.7％普力克水剂400倍液，或用70％代森锰锌可湿性粉剂500倍液，或用15％恶霉灵水剂700倍液或64％杀毒矾可湿性粉剂500倍液，每7~10天喷1次，连续2~3次。喷药后，可撒干土或草木灰降低苗床土层湿度。

（四）辣椒疮痂病

1. 病害特征

　　又名细菌性斑点病，幼苗期、成株期均可发生，主要为害叶片、茎、果实（图6-1-7），以叶片最常见；叶片染病初为圆形或不规则形水浸状小斑点，黑绿色至黄褐色，后变为互相连接边缘隆起中央凹陷的大病斑，表面

图6-1-7　辣椒疮咖病

粗糙，呈疮痂状，受害严重可造成叶片干枯脱落。幼苗期染病可引起全株落叶。茎部染病初为不规则条斑，后木栓化或纵裂为疮痂状，果实染病后，初为隆起的小黑点，后产生圆形隆起的黑色疮痂斑，严重时引起烂果。潮湿时在病部有菌脓溢出。

2. 发病规律

　　病原细菌在种子表面越冬，干燥状态下可存活16个月以上，种子和病残体带菌传播病原菌通过气孔或伤口侵入，随大风、大雨传播，也可由昆虫传播，发病适温27~30℃，高温、高湿是主要发病条件。尤其在暴风雨过后，容易形成发病高峰。在发病田，细菌还可随雨水、灌溉、农事操作等扩大传播，造成再次侵染。

3. 病害防治

　　（1）选择抗病优质菌种。

（2）实行轮作，与非茄科蔬菜轮作 2~3 年。

（3）加强田间管理，应选用排水良好的沙壤土，及时深翻土壤，施足底肥，播种前进行种子处理，进行苗床消毒处理。高畦种植，避免积水，注意氮、磷、钾肥的合理搭配，提高植株抗病力。

（4）药剂防治。发病初期，喷 72% 农用链霉素可溶性粉剂 4 000 倍液，或用新植霉素 4 000 倍液或 20% 龙克菌悬浮剂 500~700 倍液，65% 代森锌可湿性粉剂 500 倍液，或用 12% 绿乳铜乳油 600 倍液，隔 7~8 天喷一次，连续喷 2~3 次。

（五）辣椒立枯病

又称"死苗"，严重时造成辣椒成片死苗（图 6-1-8）。立枯病除为害辣椒外，也危害其他茄果类、瓜类、芹菜、油菜等 100 多种蔬菜。

1. 病害特征

幼苗刚出土就可发病，但一般多发生在幼苗木栓化以后，茎基部患病

图 6-1-8　辣椒立枯病

后产生椭圆形暗褐色病斑，后病斑变黑，逐渐凹陷，发病初期在中午出现萎蔫现象，早晚恢复正常，当病斑绕茎一周，病部缢缩植株干枯死亡，枯死病苗，直立不倒。湿度大时病部产生褐色蛛丝状霉。病株叶片多变为淡绿色，然后转为黄色，最后枯死、脱落。

2. 发生规律

土传性病害，病菌主要以菌丝或菌核形式在土壤中越冬，可在土中存活 2~3 年。通过灌溉水、农事操作等传播，在 15~21℃最易发病，在 12℃ 或 30℃ 以上病菌生长受到抑制，高温高湿环境容易发生此病，带菌土壤及苗床消毒不严格、土壤过干或过湿、栽培密度大、间苗不及时是发生立枯病的常见原因。

3.防治方法

（1）选用抗耐病的品种。

（2）严禁连作，实行轮作。与非茄科蔬菜实行2~3年的轮作。

（3）加强苗期管理，防止苗床内出现高温、高湿状态，作好苗床的通风透气工作，发现病株，应及时拔除。

（4）施用充分腐熟的农家肥，增施磷钾肥，促进辣椒苗健壮生长，增强秧苗抗病力。

（5）药剂防治。防治可选用甲霜灵或咯菌腈拌种；也可选用恶霉灵或甲霜灵或多菌灵或福美多处理苗床。发病可选72.7%普力克水剂800倍液加50%福美双可湿性粉剂800倍液混合喷雾，或用20%甲基立枯灵乳油1 200倍液或5%井冈霉素水剂1 500倍液喷雾，7~10天喷施1次，连续2~3次，兼防猝倒病。

（六）辣椒青枯病

又叫细菌性枯萎病，被称为植物的"癌症"，是一种毁灭性的土传病害，具有发病快、防治难、为害重等特点，常呈暴发之势，造成极严重的经济损失，严重田块几近绝收。

1.发病特征

苗期无明显症状，主要发生在成株期，在主根基部发病，在盛果期最重，初期发病，病株顶部叶片在中午萎蔫，傍晚恢复，4~5天后，因病菌堵塞维管束，使水分不能进入茎叶，叶片自上而下萎蔫，全株凋萎，但植株仍保持青色。盛花结果期因叶片脱落，植株枯萎，果实像火烤一样枯白。根茎表层不变死，但是横切病株茎部，可见维管束变为褐色，湿度大时，可挤出污白色细菌黏液（图6-1-9）。

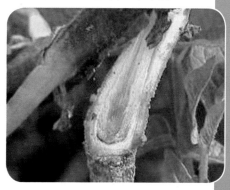

图6-1-9 青枯病

2.发病规律

病菌随病残体在土壤中越冬，翌年通过雨水、灌溉、农事操作、昆虫传播，主要通过根部、茎部皮孔或伤口侵染，在酸性土或缺钾的土壤中发病严重，高温高湿，昼夜温差大的条件发病严重，在 10~40℃均可生存，最适发病温度为温 25~35℃。连年重茬会增加土壤中的病原菌的数量，棚室的高温高湿条件利于发病，尤其是灌水、培土后因通气不良更容易发生。

3. 防治方法

（1）选用抗病品种。

（2）合理轮作，避免与番茄、茄子等连作，尽可能与瓜类或禾本科作物轮作 3~5 年。

（3）改良土壤酸碱度，使土壤成微碱性。结合整地，撒施适量石灰，一般每亩地可施石灰 50~100 千克。

（4）改进栽培技术，培育壮苗。采用高垄栽培，降低田间湿度，合理密植，加强肥水管理，增施磷钾肥，喷施硼酸液做根外追肥，促进维管束生长，科学浇水，配方施肥，增强抗病力。

（5）发现病株及时拔、烧毁。并在病株穴内灌注 20% 石灰水或撒石灰粉。

（6）生物防治。结合施肥，喷施 EM 复合微生物菌剂。

（7）药剂防治。发病初期可用 72% 农用硫酸链霉素可溶性粉剂 4 000 倍液，或用 50% 百菌清可湿性粉剂 400 倍液，或用 25% 青枯灵可湿性粉剂 800 倍液灌根，10 天一次，连续 2~3 次。

（七）辣椒褐斑病

1. 发病特征

为害叶片、茎部。尤其是叶片，多从下部叶片发病，叶片上形成褐色圆形或近圆形病斑、表面隆起，四周黑褐色，有时外缘有黄色晕圈。严重时叶片变黄干枯脱落。湿度大时，病斑部有稀疏灰色霉

图 6-1-10　褐斑病

状物（图 6-1-10）。

2. 发病规律

病菌可在种子上越冬，也可以菌丝体形式随病残体在土壤中越冬。成为翌年初侵染源。病害常始于苗床。高温高湿持续时间长，有利于该病扩展。病菌喜温暖高湿条件，温度 20~25℃，相对湿度 80% 以上易发病，湿度越大发病越重。

3. 防治办法

（1）采收后清洁田园，彻底清除病残株，并带出园地集中销毁。

（2）严禁连作。与其他蔬菜实行隔年轮作。

（3）地膜覆盖高畦栽培。

（4）使用无病抗病种子。

（5）科学施肥，增施粪肥，合理使用氮、磷、钾肥。适当控制灌水，雨后及时排水。

（6）药剂防治。发病初期喷洒 80% 代森锰锌可湿性粉剂 500~600 倍液，或用 75% 百菌清可湿性粉剂 500~600 倍液，或用 77% 氢氧化铜可湿性粉剂 400~500 倍液，或用 50% 多.硫悬浮剂，或用 77% 可杀得 500 倍液，7~10 天喷施 1 次，连喷 2~3 次。

图 6-1-11　辣椒根腐病

（八）辣椒根腐病

辣椒常见的土传病害，病菌在土壤里存活可达 10 年以上，露地、保护地栽培均可发病，常造成植株根系腐烂、植株枯死，轻则使辣椒减产 20%~30%，重则达到 50% 以上，甚至绝产，造成巨大的经济损失（图 6-1-11）。

1. 发病特征

多发生于成株期，主要为

害根及根茎部。发病初期病株顶部枝叶白天萎蔫，傍晚至次日早晨恢复，反复多日后，整株枯死。病株的根颈部及根部初为水浸状病斑，后为变为褐色，腐烂，极易剥离，露出暗色的木质部。茎部横切，可见维管束变为褐色，潮湿条件，可见病部长出白色至粉红色霉层。病菌侵染种子，可致种子腐烂，使种子发芽率降低 30%~50%。

2. 发病规律

根腐病病原菌腐生性强，在土壤中可存活 10 年以上，以菌丝体和厚垣孢子在病残体或土壤中越冬。翌年条件适宜产生分生孢子，通过雨水、灌溉水、农事操作等进行传播和蔓延，通过根部或茎基部的伤口侵入植株，进入维管束组织。植株发病后，病部产生的分生孢子又可通过气流，雨水等进行再侵染。高温、高湿利于根腐病的发生与蔓延。通常温度在 10~35℃之间均可发病，湿度越大发病越重，当湿度在 80% 以上时传播迅速，此外，栽培管理不当，辣椒根系浅，连作等均可加重该病的发生。

3. 防治办法

（1）选用抗病品种。

（2）进行合理轮作，减少土壤病原菌数量。

（3）种子和苗床消毒。种子消毒可用温汤或 1% 次氯酸钠浸种，也可用咯菌腈进行种子包衣；苗床消毒，可用恶霉灵可湿性粉剂 300 倍液。

（4）加强苗期管理，培育壮苗，合理灌溉，不要大水漫灌，有条件的可进行滴灌，保持土壤半干半湿状态，及时增施磷钾肥，最好施用生物菌肥，增强抗病力，发现病株，及时清除销毁。

（5）加强栽培管理。因地制宜，适期早播，采用小高垄栽培，并用塑料薄膜覆盖，既利于提早封垄，又利于通风采光和田间管理，施用充分腐熟的有机肥。

（6）药剂防治。定植后可用抗枯灵可湿性粉剂 600 倍液或恶霉灵可湿性粉剂 300 倍液灌根进行预防。发病初期可用 50% 多菌灵可湿性粉剂 500 倍，或用 50% 甲基托布津可湿性粉剂 500 倍液，或用 75% 敌克松可湿性粉剂 800 倍液进行喷灌，7~10 天喷施 1 次，连续 2~3 次。

图 6-1-12　辣椒炭疽病

（九）辣椒炭疽病

又叫辣椒重茬病，是为害甜椒、辣椒生产的主要病害之一（图 6-1-12）。在世界各国都有发生，高温高湿条件易流行，主要在辣椒生长的中、后期发生，对采收红辣和干辣的影响较大，造成辣椒落叶、烂果，大量减产。根据侵染病菌的不同，辣椒炭疽病可分为黑色炭疽病、黑点炭疽病和红色炭疽病。黑色炭疽病在东北、华北、华东、华南、西南等地区都有发生，严重时病果率达 20%~30%，对辣椒品质、产量均有一定影响。黑点炭疽病主要发生在浙江、江苏、贵州等地。红色炭疽病发生较少。此病除危害辣椒外，还侵染茄子和番茄等。

1. 发病特征

主要危害果实，特别是近成熟期的果实更易发生，也侵染叶片和果梗。果实发病，初期产生褐色水渍状病斑，长圆形或不规则形，病斑凹陷，有同心环，环略凸起，环纹上密生黑色或橙红色小粒点。潮湿时病斑周围有湿润性变色圈，干燥时病斑常干缩极易破裂。叶片受害，初为水渍状淡绿色斑点，后为褐色，中间为灰白色，后期在病斑上产生轮状排列的小黑点。茎和果梗受害，形成褐色不规则凹陷斑，干燥时易开裂。

2. 发生特点

病菌以分生孢子或菌丝体附着于种子或病株残体上越冬，翌年产生新的分生孢子，借气流或雨水等传播进行初侵染，分生孢子多从植株伤口或表皮侵入，病组织上产生的分生孢子又可借助风雨、昆虫等媒介传播，再次侵染。此病的发生与温湿度关系密切，一般温暖多雨有利于病害发生，发病最适合温度在25~28℃，孢子萌发要求相对湿度在95%以上，连作、种植密度大、阴雨天气、排水不良、施肥不足或偏施氮肥等均可加快病害流行，不同品种抗病性差异大，一般线辣椒比甜辣椒易感。

3. 防治方法

（1）选抗病无病种子。进行种子消毒。

（2）合理轮作。实行2~3年非寄主植物轮作，收获后及时清除病株、病果，减少病菌侵染源。

（3）加强田间管理。营养钵育苗，培育适龄壮苗；及时深翻晒土减少浸染源；高畦窄厢栽培，合理密植，避免栽植过密和地势低洼地种植；改善田间通风透光情况，提高植株抗病能力。应在施足有机肥的基础上配施氮、磷、钾肥；棚室要注意通风排湿，避免高温高湿，雨后及时排水。

（4）药剂防治。发病初期，可选用75%百菌清可湿性粉剂600倍，或用25%溴菌腈可湿性粉剂500倍液＋70%代森锰锌可湿性粉剂600~800倍液，或用25%咪鲜胺乳油1 500~2 500倍液＋65%代森锌可湿性粉剂500~800倍液等药剂，7~10天喷1次，视病情而定，一般2~3次。由于炭疽病主要为害辣椒的果实，施药时一定要喷雾到果实上。

（十）辣椒病毒病

1. 发病特征

辣椒病毒病是影响我国辣椒生产的主要病害，常造成辣椒的落花、落叶、落果，严重影响辣椒产量，一般减产30%，严重时高达60%以上。侵染辣椒的病毒种类较多，症状表现不一，常见的有以下4种类型。

（1）花叶型。植株表现为生长缓慢，植株矮小。叶片呈现黄绿相间的花叶症状，叶脉皱缩，叶面凹凸不平，极易脱落；果实僵化瘦小，出现深浅不同的纹斑。严重的落叶、落花、落果，整株死亡（图6-1-13）。

（2）黄化型。从上部嫩尖幼叶开始，叶片初在叶脉间出现

褪绿色斑点，逐渐为淡黄色，最后全叶变鲜黄色，叶片硬化，向背面卷曲（图6-1-13）。

1. 花叶型　　　　　　　　　　2. 黄化型

图 6-1-13　辣椒病毒病

（3）坏死型。病株部分组织坏死，表现为褐色斑点、条斑、顶枯、坏死斑驳及环斑等，严重时落叶、落花、落果，甚至整株枯死（图6-1-14）。

（4）畸形。病株变形，或节间缩短，植株矮化，分枝极多，

1. 坏死型　　　　　　　　　　2. 畸形叶

图 6-1-14　辣椒病毒病

叶片细小卷曲，病果黄绿相间的花斑，果面不平整，畸形，易脱落（图 6-1-14）。

2. 发生特点

黄瓜花叶病毒和马铃薯病毒主要在温室蔬菜或多年生杂草上越冬存活，烟草花叶病毒可在土壤内的病残体上长期存活。辣椒病毒病传播途径主要有虫媒和接触传染 2 种。一是病毒通过蚜虫、白粉虱等媒介在病株与键株之间传播，遇高温干旱天气，虫害发生严重，病害传播更快；另一传播途径为通过整枝打杈等农事操作植株产生伤口进而通过汁液接触从伤口进入传染。高温干燥，蚜虫等虫害严重、连作地、低洼及缺肥地易发生病毒病。

3. 防治方法

（1）选用抗病菌种。

（2）用 10% 的磷酸三钠浸种。

（3）施足底肥，采用地膜覆盖种植，培育壮苗。

（4）加强田间管理，清洁田园，减少菌源，适期定植，高温季节，注意遮阳降温，多施磷、钾肥，勿偏施氮肥。

（5）防治蚜虫，切断传播源。采用防虫网，黄板诱杀蚜虫等媒介。

（6）药剂防治。发病前或发病初期，可用 20% 病毒 A 可湿性粉剂 500 倍液，或用 20% 吗胍 . 乙酸铜 500 倍液，或用 50% 菌毒清水剂 300 倍液，或用植病灵 1 000 倍液交替使用，每隔 7~10 天喷施 1 次，连续防治 3~4 次。

（十一）辣椒白粉病

1. 发病特征

主要为害叶片（图 6-1-15），严重时嫩茎和果实也能受害。初生褪绿小黄点，后为褪绿黄色或黄绿色斑驳，边缘不明显，随病情发展，逐渐扩大，病斑多时能

图 6-1-15 辣椒白粉病

融合成片，全叶变黄脱落，背面产生白色粉状物，同时病部组织变褐坏死。条件适宜时，白粉迅速覆盖整个叶部，叶片大量脱落，形成光杆。

2. 发生规律

病菌以闭囊壳在土壤中越冬。条件适宜时，分生孢子萌发产生芽管，从寄主叶背气孔侵入。菌丝在叶肉组织内蔓延，病部产生的分生孢子通过气流、雨水、灌溉、农事操作等传播，昆虫如蚜虫、蓟马、白粉虱也是该菌的传播媒介。一般 25~28℃，干燥条件下易流行。

3. 防治方法

（1）培育和种植抗病品种。

（2）加强田间管理。保持田间有适宜的空气湿度，防止土壤空气干燥和土壤干燥；加强肥水管理，有机肥为主，增施磷钾肥；合理密植、高垄栽培，适量灌水，适时通风。

（3）药剂防治。在发病初期，病原萌发之时及时用药，可用的药剂有：50% 醚菌酯水分散粒剂 1 500~3 000 倍液，或用 25% 吡唑醚酯菌乳油，或用 47% 加瑞农可湿性粉剂 600 倍液。

第二节　辣椒常见虫害的识别与防治

辣椒虫害也是造成辣椒减产的重要原因，目前为害辣椒的昆虫主要有蚜虫、烟青虫、蓟马、白粉虱、红蜘蛛、茶黄螨、棉铃虫等。

一、蚜虫

蚜虫，又称腻虫、蜜虫，是地球上最具破坏性的害虫之一。为害辣椒的蚜虫种类主要有桃蚜、棉蚜、萝卜蚜等，气候越干燥，蚜虫越严重；此外还常作为媒介传播导致病毒病大流行，使辣椒严重减产，一般年份减产 30%~50%。

1. 形态特征

蚜虫虫体很小，柔软，有时被蜡粉，但缺蜡片，针状刺吸口器，触角 4~6 节。腹部上有一对圆柱突起，叫腹管，腹管通常管状，长常大于宽，基部粗，向端部渐细，末端有一个突起的尾片。蚜虫分有翅蚜和无翅蚜两类，有翅蚜可以迁飞，具翅个体 2 对翅，前翅大，后翅小，前翅前端有由纵脉合成的粗脉，端部有翅痣。无翅蚜只能爬动。

图 6-2-1　蚜虫

有翅胎生雌蚜体长 2.0 毫米左右，头、胸黑色，腹部绿色。无翅胎生雌蚜体长 2.5 毫米左右，黄绿色、绿色或黑绿色（图6-2-1）。

2. 为害特点及生活习性

蚜虫成虫和若虫在叶背面或幼嫩组织吸食汁液进行为害。被害叶片变黄，畸形卷缩，还可分泌蜜露排出大量水分和蜜露，滴落在下部叶片上，形成霉黑层，使叶片生理机能受到障碍；嫩茎受害造成节间变短，植株矮小，花梗被害则呈弯曲畸形状，影响开花结实，导致植株生长受到抑制，甚至枯萎死亡。此外，蚜虫还可作为媒介传播病毒病，如黄瓜花叶病毒、马铃薯 Y 病毒等。

蚜虫繁殖力非常强，发育速度快，在北方一年可发生十余代。以无翅胎生雌蚜在土壤、枯叶、杂草中越冬，以无翅胎生雌蚜繁殖。繁殖适温为 15~25℃，相对湿度为 70% 左右。主要是通过随风飘荡的形式来进行扩散；而一些农事操作等人类活动也可以帮助蚜虫的迁移。蚜虫对黄色、橙色有很强的趋性，而对银灰色有负趋性。温暖、干燥的条件有利于蚜虫繁殖，一般在蚜虫发生严重的田块病毒病的发生也较重。

3. 防治方法

（1）及时清除田间植株残体及其附近的杂草，减少虫源。

（2）严禁连作，与其他作物间作种植。

（3）采用银灰色薄膜覆盖栽培，利用蚜虫对银灰色有趋避性的特点，避免有翅蚜迁入辣椒田为害。

（4）利用蚜虫对黄色的趋性，设置黄色板，诱杀有翅蚜；对蚜虫的天敌如瓢虫、草蛉、食蚜蝇等适当保护，可有效抑制蚜虫为害。

（5）发病后采用药剂防治，在初发阶段，可选用4.5%高效氯氰菊酯乳油1 000倍液，或用50%抗蚜威可湿性粉剂1 000倍液，或用10%虫螨灵3 000倍液，或用10%吡虫啉可湿性粉剂1 000倍液，或用90%敌百虫晶体1 500倍液等高效低毒农药，交替使用，每隔7~10天喷施1次，连续2~3次。

图6-2-2　烟青虫

二、烟青虫

辣椒钻心虫，又名烟草夜蛾，昆虫纲，鳞翅目。属杂食性害虫，寄主多，为害辣椒、烟草、茄子、番茄、玉米、甘蓝、向日葵、棉花等多种作物。尤其是对辣椒危害极其严重，以幼虫蛀食辣椒的花、蕾、果为主，在全国各地均有发生，为害严重时，蛀果率达30%~50%（图6-2-2）。

1.形态特征

成虫：黄褐色，体长15~18毫米，翅长24~33毫米，前翅正面有肾状、环状花纹，纹路清晰，后翅黑褐色，其宽带中部内侧有一棕黑线。

卵：扁半球形，淡黄色，含有明显卵孔，卵壳上有网状花纹。

幼虫：体长40~50毫米，绿色、灰褐色或绿褐色，背线透明，体表布满不规则的黄褐色斑块及圆锥状的小刺。

蛹：长17~20毫米，赤褐色，纺锤形，前端粗短，气门小而低。

2. 危害特点及生活习性

以幼虫蛀食辣椒花蕾和果实为主，也可危害幼嫩茎、叶和幼芽，造成植株折茎、落花落果，降低椒果产量和品质。田间湿度大时，可使辣椒减产 30% 以上。

烟青虫一年发生 2~6 代，以蛹在土中越冬，于翌年 6 月开始羽化。成虫喜昼伏夜出，多在夜间将卵产在叶片背面的叶脉、花瓣或果实表面，初孵幼虫蛀食花蕾或辣椒嫩叶，2~3 龄蛀食辣椒果实，啃食果皮、胎座，并在果内缀丝，排留大量粪便，使果实不能食用，果实被蛀引发腐烂而大量落果。也可转株转果危害，幼虫老熟后脱果入土化蛹。低龄幼虫可日蛀果实 1~1.5 个，高龄幼虫 2~3 个。

3. 防治方法

（1）农业防治。栽培早熟品种，避开烟青虫为害时期；加强田间管理，及时整枝打杈，把枝叶上的卵、虫果摘除并销毁。辣椒采后，深耕土地，消灭越冬蛹。

（2）生物防治。利用赤眼蜂、姬蜂等天敌或喷洒苏云金芽孢杆菌可湿性粉剂或核型多角体病毒进行生物防治使用黑光灯诱杀成虫。

（3）化学防治。在幼虫孵化盛期至 2 龄盛期及时施药防治，可用 10% 二氯苯醚菊酯 3 000 倍液，或用 1% 甲氨基阿维菌素苯甲盐乳油，或用 2.5% 溴氰菊酯乳油，或用 2.5% 敌杀死 2 000 倍液喷雾防治。在凌晨或傍晚喷药，药剂交替使用，重点喷施植株上部及花蕾上。

三、白粉虱

一种世界性害虫，又名小白蛾子，半翅目，粉虱科（图 6-2-3）。可

图 6-2-3 白粉虱

为害蔬菜、果树、花卉、药材、烟草等 112 个科 600 多种植物，

以温室辣椒、番茄、茄子、鲜切花等受害严重，严重时造成减产50%以上。

1. 形态特征

白粉虱有成虫、卵、若虫、蛹四种形态。成虫体长 1~1.4 毫米，身体为淡黄色，翅外观白色，翅面覆盖白蜡粉，经常雌雄成对在一起，雌性较雄性大，腹侧下方有两个弯曲的黄褐色曲纹，雄性腹侧下方有四个弯曲的黄褐色曲纹，复眼赤红，刺吸式口器。

卵：长约 0.2 毫米，长椭圆形，刚开始为淡黄色，后渐变为黑色。

若虫：若虫扁椭圆形，淡黄或淡绿色，体表有蜡质丝状突起。1 龄若虫体长约 0.29 毫米，长椭圆形，具有触角和足，可爬行；2 龄若虫体长约 0.36 毫米，身体加宽，尾须缩短，触角和足退化，固着生活；3 龄若虫体长约 0.5 毫米，淡绿色或黄绿色，背面的蜡腺分泌腊丝；4 龄若虫称伪蛹，体长 0.7~0.8 毫米，椭圆形，初为乳白色，后为黄褐色，身体加长加宽，背面腊丝发达。

2. 为害特点与习性

温室白粉虱以两性生殖为主，也可孤雌生殖，每次可产卵约 140 粒，在温室条件下，一年内可发生 10 余代，最适生长繁殖温度为 18~21℃，在温室中约 1 个月即可完成 1 代，以各虫态在温室蔬菜上越冬。成虫和若虫群集在嫩叶背面吸食汁液，各虫态在植株上成垂直分布，成虫主要在植株顶部活动，卵和若虫在植株的中下部。造成被害叶片发黄萎蔫，严重时叶片干枯脱落，植株死亡。此外，该虫尚能分泌大量蜜露，果实和叶片呈黑色，造成减产和果实品质降低。

3. 防治方法

（1）采用合理轮作倒茬，降低虫害；适当调节播种期，避开粉虱的为害高峰期，在白粉虱发生严重时，可选晴天中午浇透水后，闷棚 2~3 天。

（2）在温室通风口安装防虫网，以控制外来虫源。育苗前彻底清理田园，及时拔除病株，减少虫源。

（3）诱杀及趋避。设置黄色粘虫板，诱杀成虫，张挂铝箔反光板，驱避白粉虱。

（4）可人工繁殖释放丽蚜小蜂等天敌进行生物防治。

（5）化学防治。在白粉虱密度低、虫龄小的早期进行药剂防治。可选用的药剂有 10% 吡虫啉可湿性粉剂 1 500 倍液，5% 吡虫啉乳油 1 000 倍液，用 25% 灭螨锰可湿性粉剂 1 000~1 500 倍液，或用 25% 扑虱灵可湿性粉剂 2 000 倍液等药剂喷雾，每 5~7 天喷 1 次，连喷 2~3 次。各种药剂应交替使用，以免白粉虱产生抗药性。施药时要将药剂喷施在叶背。或每亩用敌敌畏烟剂，300~400 克，熏棚 1 夜，每隔 7 天喷 1 次，连熏 2~3 次。

图 6-2-4　茶黄螨

四、茶黄螨

俗称白蜘蛛、阔体螨，蜱螨目，跗线螨科（图 6-2-4）。食性杂，寄主广泛，已知寄主 70 余种，主要危害茄果类、豆类、瓜类、萝卜和芹菜等，通过刺吸植株幼嫩部位汁液，使辣椒的叶、茎、花蕾、幼果不能正常生长，造成植株畸形和生长缓慢，轻则减产 20%~30%，重则达到 50% 以上。

1. 形态特征

茶黄螨一生分为卵、幼螨、若螨、成螨四个虫态。成螨：体型较小，长约 0.2 毫米，淡黄色至橙黄色，。雌螨，体较宽阔，椭圆形，螨体半透明状，身体分节不明显，背部有一条纵向白带，腹部末端平截，足 4 对。雄螨：近似六角形，末端为圆锥形，足较长而粗，腹末有锥台形尾吸盘。卵：灰白色，长约 0.1 毫米，椭圆形，无色透明，卵面纵向排列着 6 排白色瘤状突起。幼螨：体型近椭圆形，乳白色，体长 0.1 毫米，足 3 对，腹末尖，具 1 对刚毛。若螨：梭形，半透明，长约 0.15 毫米，外面罩着幼螨的表皮。

2. 为害特点与习性

以成螨和幼螨集中在辣椒幼嫩部分刺吸为害。受害叶片变窄，皱缩，变硬，背面呈灰褐或黄褐色，油渍状，叶片边缘向下卷曲；嫩茎、嫩枝受害，形状扭曲畸形，颜色变黄褐色或锈色，严重时植株顶部光秃；花受害，不开放，脱落，果实受害表皮变黄褐色，粗糙木栓化，无光泽，严重时果实龟裂，种子外露，失去商品价值。茶黄螨只刺吸植株幼嫩的部分，如嫩叶、嫩茎、嫩枝和幼果上。当受害部位变老后，即转移到新的幼嫩处为害。

棚室辣椒全年均有发生，生长迅速，生活周期较短，26~30℃下 4~5 天发生 1 代。主要在棚室的杂草、残株或土壤中越冬。茶黄螨靠爬行和风等进行短距离扩散，通过整枝打杈、水流等农事活动远距离扩散。温暖、高湿环境有利于茶黄螨的生长与繁殖，最适生长繁殖温度为 16~23℃，相对湿度为 85% 左右。茶黄螨以两性生殖为主，也能孤雌生殖，卵多产于嫩叶背面，一次可产卵百余粒。

3. 防治方法

（1）选用抗、耐螨品种。

（2）实行轮作，与油菜、小白菜、香菜等轮作，能减少虫源，减轻危害。

（3）加强田间管理，要及时清除棚室内的枯枝落叶、杂草等，并集中焚烧，消灭越冬虫源；改进栽培管理措施，采用地膜覆盖，用滴灌或膜下暗灌，控制相对湿度低于 80%。

（4）释放人工繁殖的植绥螨等天敌，控制茶黄螨危害。

（5）药剂防治。及时喷药控制蔓延。药剂可选用 1.8% 阿维菌素乳油 2 000~3 000 倍液，或用 73% 克螨特乳油 2 500 倍液喷雾，或用 57% 灭螨净 1 000 倍液，或用 35% 杀螨特乳油 1 000 倍液等药剂进行喷雾防治。交替轮换使用，喷药时，注意重点喷洒植株上半部分的幼嫩部位、叶背等部位，细致均匀，7~10 天喷 1 次，连续 2~3 次。

五、叶螨（红蜘蛛）

叶螨又称红蜘蛛、红叶
螨、棉红蜘蛛（图6-2-5），
是包含朱砂叶螨、二斑叶螨、
截形叶螨等3个种以上的复
合种群，主要为害茄子、辣椒、
瓜类、豆类等植株，主要为

图6-2-5　朱砂叶螨

害叶片，以成螨和若螨在叶片背面刺吸寄主汁液，危害植株的正
常生长。

1. 形态特征

雌成螨，椭圆形，体长0.5~0.6毫米，体背两侧各有黑长斑一块，
一般呈深红色、锈红色，背毛12对，腹面有腹毛16对。雄成螨，
菱形，体色淡黄色，体长0.3~0.4毫米，背毛13对，末端瘦削。
卵，圆球形，光滑，长0.12毫米。初为透明无色，后渐变为粉红色，
孵前出现红色眼点。若螨，长0.2毫米，略呈椭圆形，体色较深，
有足4对，体侧有明显的块状斑纹。蛹长椭圆形，从褐色变成金
黄色。

2. 危害特征和生活习性

群聚在叶背刺穿叶肉细胞吸取汁液，为害初期叶面出现零星
褪绿斑点，后变灰白色或灰黄色，并在叶上吐丝结网，造成大量
叶片枯黄、脱落，严重时叶片干枯脱落，果实受害使果皮粗糙，
呈灰色，严重影响植物生长发育。

叶螨在温室条件下一年可发生10代以上，以成螨在土壤、
杂草根茎部等越冬，叶螨主要靠爬行扩散，也可借风和农事操作
远距离传播。翌年气温10℃以上时即可繁殖，生殖方式以有性生
殖为主，也可孤雌生殖。成螨羽化后即可交配产卵，卵多产于叶
片背面，后期若虫行动敏捷，有群集的习性，发生严重时，可为
害植物地上任何部位，可在叶缘、叶尖、茎、枝端部聚集厚厚的
一层，由下向上为害植株。气温28~31℃，相对湿度40%~55%时，
最有利于叶螨的发生与繁殖，高温低湿杂草丛生、管理粗放环境

下，叶螨易于大发生。

3.病害防治

（1）及时清理田间杂草、残株落叶，深翻土地，破坏叶螨越冬场所。天气干旱时，应增加灌溉，改变田间适于叶螨发生的干燥小气候。

（2）生物防治。利用瓢虫、蜘蛛等叶螨的天敌防治。

（3）药剂防治。在叶螨点片发生时，及时喷药防治。常用药剂有可用 1.8% 阿维菌素 4 000 倍液，或用 10% 吡虫啉乳油 1 200 倍液，20% 双甲脒乳油 1 500 倍液，或用 73% 克螨特乳油 2 000 倍液、或用 50% 溴螨酯乳油 1 000 倍液，或用 15% 达螨灵乳油等喷雾防治，喷药要注意重点喷叶片背面。

六、蓟马

属缨翅目蓟马科，以锉吸式口器取食植物的叶、花、果，导致叶片皱缩、果实畸形，还传播温室蔬菜病毒病（图6-2-6）。设施蔬菜主要危害辣椒、黄瓜、茄子等品种。严重时可减产 50% 以上。

图 6-2-6　蓟马

1.形态特征

全生育阶段分卵、若虫、成虫 3 个阶段。成虫体长 0.5~2 毫米，极少数超过 7 毫米，幼虫呈白色、黄色、或橘色，成虫黄色、棕色或黑色（图6-2-6），触角线状，略呈念珠状，体细长而扁，或为长圆筒形，有的若虫为红色，分有翅和无翅两种，无翅种类无单眼，有翅种类单眼 2~3 个，翅狭长，边缘有长而整齐的缘毛。口器锉吸式，上颚口针不对称。

2.危害特征与生活习性

以成虫和幼虫锉吸辣椒幼嫩叶片、花器和幼果上的汁液。嫩叶受害后，叶片变薄，卷曲变形，叶面褪色，受害处有齿痕或由白色组织包围的黑色小伤疤。花期危害能引起花蕾脱落，果实受害造成幼果老化、僵硬。此外，蓟马还可传带病毒菌，造成植株生长停滞，矮小枯萎。

一年四季均有发生，一般以成虫在土壤或植株残叶、杂草上越冬。随自然力或人工农事操作迁移扩散。繁殖速度非常快，从卵到成虫只需 14 天，雌成虫主要进行孤雌生殖，也兼有两性生殖，雌虫卵产于叶肉组织内，蓟马成虫善飞、怕光，有昼伏夜出的习性。蓟马喜欢温暖、干旱的天气，最适生长繁殖温度为 20~28℃，适宜空气湿度为 40%~70%；湿度过大不能存活，当湿度达到 100%，温度达 31℃以上时，若虫全部死亡。

3. 防治方法

（1）及时清除田间杂草，集中烧毁或深埋，可减少蓟马虫源。

（2）采用地膜覆盖，减少化蛹的数量。

（3）利用蓟马有趋蓝色的习性，在田间设置蓝色粘板，诱杀成虫。

（4）药剂防治。一般于定植以后到第 1 批花盛开期间进行药剂防治。可用的药剂为 1.8% 阿维菌素乳剂，或用 20% 甲维·虫酰肼悬浮剂，或用 0.3% 苦参碱水剂，或用 0.5% 藜芦碱可溶性液剂，或用 60 克 / 升乙基多杀霉素悬乳剂等喷雾防治，药剂要交替使用，延缓抗药性，在早上或者傍晚喷施，每 5~7 天喷 1 次，地上地下同时喷施，地上部分重点喷施叶背、嫩叶和幼芽等，地下结合浇水冲施。连续喷施 3~4 次。

图 6-2-7 棉铃虫

七、棉铃虫

俗名钻心虫、番茄蛀虫（图 6-2-7），是一种世界性害虫，辣椒棉铃虫主要蛀食果实，直接影响辣椒产量及质量。

1. 形态特征

成虫体长 14~18 毫米，翅展 30~36 毫米，雌蛾前翅红褐色，雄蛾前翅灰绿色，前翅有模糊环纹肾纹，顶角向外突伸，外缘较直，后翅灰白色，边缘黑色宽带，翅脉褐色，两触角先端距离较宽；卵直径约 0.5 毫米，半球形，高大于宽，卵的表面具纵纹由顶端达底部；老熟幼虫体长 30~42 毫米，背线一般有两条或四条，背线、气门上线为深色纵线，气门上下两端较尖，气门上线中的斑纹为断续的白纹。两根前胸侧毛连线与前胸气门下端相交。体表布满长而尖的小刺，其底座较大，腹面小刺呈褐色，毛片较高，正圆锥状；蛹长 16~20 毫米，黄褐色，气门较大，围孔片呈筒状突起，翅芽二外侧缘相平行，腹部第 5~7 节的背面和腹面有 7~8 排半圆形刻点。腹部末端有臀棘 2 根。

2. 为害特点及生活习性

主要以幼虫蛀食辣椒的花、蕾、果为主，也为害嫩茎、叶和芽。为害叶片使叶片缺刻或空洞状，开花时受危害，花药和柱头被害；导致不能授粉结果，为害果实，蛀成孔洞，幼虫多从基部蛀入幼果，2 龄期幼虫危害最重，常使果实被蛀空，或因果实上蛀的孔，使雨水、病菌进入引起果实腐烂脱落，幼虫还可转株危害。

棉铃虫属喜温喜湿性害虫，一年发生 3~7 代，以蛹在土壤中越冬。翌年当气温 20℃时，羽化为成虫，并在辣椒、辣椒、番茄、小麦或杂草上产卵，孵化出的幼虫就是当年第一代棉铃虫，幼虫发育以 25~28℃和相对湿度 75%~90% 最为适宜。卵初产时乳白色，后为淡黄色，幼虫灰黑色，先食卵壳，然后取食附近嫩叶，有自相残杀习性，所以基本上一果一虫，成虫昼伏夜出，以傍晚活动最盛，具趋光、趋化性，对黑光灯和杨树枝叶趋性最强，9 月底、10 月初入土化蛹越冬。

3. 防治方法

（1）种植抗虫品种。

（2）冬前深翻土地，并浇水淹地，可消灭越冬蛹。

（3）利用成虫有强趋光性，可采用黑光灯诱蛾。

（4）利用天敌，进行生物防治。产卵期可释放赤眼蜂，或喷洒苏云金杆菌（Bt）可湿性粉剂或核型多角体病毒制剂使幼虫感病而死亡。

（5）化学药剂。可选用药剂有20％多灭威可湿性粉剂2 000~2 500倍液，或用4.5％高效氯氰菊酯乳油3 000~3 500倍液，或用25％除虫脲可湿性粉剂4 000倍液，或用1.8％阿维菌素乳油2 000倍液，或用5％氟铃脲乳油1 000倍液等，一般在辣椒果实开始膨大时开始防治，7~10天防治1次，连续防治3~4次。

八、小地老虎

图6-2-8　小地老虎

又名土蚕、切根虫（图6-2-8），属鳞翅目夜蛾科，一种杂食性地下害虫，主要为害蔬菜幼苗，以豆类、茄果类、瓜类、十字花科蔬菜为害最重。

1.形态特症

经历卵，幼虫，蛹，成虫四个阶段。成虫体长16~23毫米，翅展40~50毫米，头、胸部背面暗褐色，足褐色。前翅黑褐色内、外横线均为波浪形黑色双线，在肾形纹外侧有一尖端向外的楔形纹，前翅中间有一个环形斑。后翅灰色无横纹，腹部灰色。老熟幼虫体背粗糙，布满黑色微小颗粒，头部褐色，具不规则网纹，幼虫共分6龄。前胸背板暗褐色，臀板黄褐色，有两条明显的深褐色纵带；胸足与腹足黄褐色。卵约0.5毫米，表面有纵横隆线。初产时为乳白色，后渐变为黄色，孵化前顶端呈黑色。蛹长18~24毫米，红褐色或黑褐色，腹末端具短臀棘1对。

2.危害特点及习性特征

3龄前幼虫常常群集在幼苗上的心叶或叶背上取食，造成叶片缺刻或呈网孔状，严重可使整株死亡。幼虫3龄后幼虫可把幼苗近地面的茎部咬断，白天潜伏在浅土中，夜间出来活动取食，5~6龄食量最大，常常造成缺苗断垄。

一年发生3~7代，主要以蛹及幼虫在土壤内越冬，卵多散产在土表的残株根茬或杂草上，幼虫3龄前不入土，取食杂草和辣椒幼苗心叶，3龄后，白昼潜伏于土表，夜间出来取食，每条幼虫一夜能咬断菜苗 4~5 株，老熟幼虫有假死性，受惊缩成环形，潜入土内化蛹；成虫夜间活动，对黑光灯、糖醋酒等趋性强。小地老虎喜温暖潮湿的条件，最适发育温度为 13~15℃，不耐 30℃以上的高温和 5℃以下低温。一般低洼内涝、杂草丛生、土壤湿度大的地方，适于小地老虎的繁殖。

3. 防治方法

（1）精细耕地，清除杂草。春季及时铲除田间杂草，减少成虫产卵场所，清除的杂草要进行集中销毁；秋冬季节深翻土壤晒土，破坏其越冬场所。

（2）杀虫灯诱杀成虫。利用成虫的趋光性，安装黑光灯诱杀成虫，或利用糖醋液诱杀成虫，一般糖：醋：酒的比例 6：3：1 配成糖醋诱杀母液，使用时对水一倍，在成虫期诱杀。

（3）堆草诱杀幼虫。在辣椒定植前，可将小地老虎喜食的田间嫩草成堆放于田间，引诱幼虫人工捕杀，或者在嫩草中拌入杀虫剂毒杀幼虫。

（4）药剂防治。一般在 3 龄幼虫以前用药，可用 50% 辛硫磷乳油 1 000 倍液，或用 48% 毒死蜱乳油 1 000 倍液，或用 90% 敌百虫晶体 1 000 倍液，或用 50% 辛硫磷乳油 800 倍液，或用 2.5% 功夫乳油 4 000 倍液等药剂，一般每 6~7 天防治 1 次，早晚顺地面喷雾防治，药剂交替使用，连续用药 2~3 次。用药时注意施药均匀，叶片的正反两面都要喷到。

第三节　辣椒病虫害绿色防控技术

随着生活水平的提高，人们越来越关心果蔬的生产安全问题，开始追求绿色的无公害的食品，设施辣椒由于连作重茬种植越来越普遍，导致病虫为害逐年增加，越来越严重，造成辣椒的产量和品质下降，经济损失惨重，目前辣椒病虫害防控问题已成为影响收益的关键。辣椒的病虫害防治应遵循"预防为主，综合防治"，严禁使用剧毒、高毒、高残留农药，提倡使用生物农药，采用农业防治、生物防治、物理防治和科学用药相结合的绿色防控技术。

一、农业防治

1.选用抗病品种

选用抗病品种是防控辣椒病害最有效、最经济、最安全的方法，也是从根本上防控辣椒病害的主要措施。

2.实行轮作

严禁连作，实行轮作，与其他非茄科作物实行2~3年的轮作倒茬，最好与抗病性强的葱蒜类轮作。

3.种子处理

搞好种子的消毒处理工作，如播种前晾晒种子3~4天，利用太阳紫外线杀灭附着在种子表面的病菌，减少发病。然后再温汤浸种，用50℃温水浸泡30分钟或55℃温水浸15分钟，还可根据当地主要病情采用药剂浸种消毒：如防病毒病可用福尔马林300倍液或1%高锰酸钾溶液或10%的磷酸三钠浸种20~30分钟；预防疫病、炭疽病、软腐病等可用1%硫酸铜溶液浸种5分钟。

4.床土消毒，减少土传病害

利用太阳光进行土壤消毒。如在夏季设施蔬菜生产休闲期，外部温度高、光照强的特点，深翻土壤，铺上地膜，密闭设施通风口，覆盖塑料棚膜扣棚10~15天，可使设施内空气温度达到60~70℃，土壤表层温度达到40℃以上，可有效杀灭土壤中的病菌和害虫，达到防治病虫害的目的。也可采用药剂消毒，如喷洒福尔马林，每平方立方米0~50毫升福尔马林对3千克水喷洒床土，或用70%代森锌与25%甲霜灵可湿性粉剂以1∶9比例混合拌土进行苗床消毒，每平方米8~10克药剂对15~30千克田园细土，播种时1/3药土铺床面，2/3覆盖种子。

5.适时播种，保持田园清洁

要选择适宜的播种期，避开某些病虫害的发生发展盛期，也可减轻病虫危害。播种后用薄膜覆盖，70%的种子出芽后揭膜。在播种和定植前，结合整地，清除病株、病残体及田间杂草，集中烧毁或深埋病株残体，均可减少病虫基数，减轻病虫害发生。

6.护根育苗，培育无病壮苗

最好采用营养钵护根育苗或穴盘育苗，在定植移栽时不易损伤根系，并且缓苗迅速，可有效减少病虫害发生的概率，提高辣椒抗病性。

7.科学合理施肥，加强水肥管理

辣椒根系具有喜湿不耐涝、喜肥不耐浓肥的特性。浇水施肥时遵循"少量多次"的原则，小水勤浇、分次追肥，减少对辣椒根系的伤害。

注重基肥，合理追肥，有机肥与化肥结合施用，避免超施氮肥，在增施有机肥的基础上，按辣椒对氮、磷、钾等养分的需求比例进行配方施肥，既能改善土壤的理化性状和营养状况，促进辣椒健壮生长，增强其抗病性，又能减少化学农药的使用次数和使用量，降低农药残留。

8.提倡高垄地膜覆盖栽培，大力推广滴灌技术

高垄种植突出的优点就是土壤透气性好，含氧量足，垄面受热面积大，积温高，降温慢，保温性能好，浇水后见干见湿，非常有利于辣椒根系生长，还可以减少辣椒因土传病害引起的各种死棵现象。一般垄高15~20厘米，可避免根部积水而引发疫病。地膜覆盖可提高地温，减少蒸发，促进幼苗前期生长健壮，提高植株的抗病能力。行间覆地膜，可明显降低棚内湿度，加强通风，使棚室内空气相对湿度达到60%~80%。

大力推广滴灌技术，辣椒是喜水怕涝作物，要尽量避免大水漫灌，通过滴灌技术可有效降低棚内湿度，减少病害发生。

9.改善栽培方式，增强植株抗病能力

针对土传病害，可采用高抗或免疫的砧木嫁接，采用嫁接方式可有效控制土传病害的发生。还可与其他作物实行套种，如辣椒套种玉米栽培，辣椒上的部分害虫与玉米上的害虫可以互为天敌，减少虫害发生。

10.加强棚内温、湿、气、光的调控

辣椒生长适温为20~30℃，温度在10℃以下停止生长，温度长期处于5℃以下会死亡。由于施肥等原因，棚内土壤可能会产生一些有害气体，如氨气、二氧化硫等，在保证温度的情况下，

要适时通风，使棚内外空气流通。辣椒在较强的光照条件下才能良好生长，光照不足，则产量低，品质差，但幼苗期和定植缓苗期强光照会导致死苗，因此延秋辣椒育苗和定植时需要用遮阳网。人为创造有利于辣椒生长而不利于病虫害发生的环境条件，减轻病虫害发生。

二、物理防治

1. 杀虫灯诱杀

根据害虫的趋光性，用频振式杀虫灯、紫外线杀菌灯、高压汞灯、黑光灯等进行诱杀。如频振式杀虫灯，电源电压要求在220伏左右，安装时按单灯辐射半径100~120米掌握控制面积；紫外线杀菌灯每天开10分钟，可杀灭多种病菌，尤其在害虫发生高峰期。开灯诱虫期间，每隔2~3天清理一次虫袋和灯具，诱虫高峰期要求每天清理1次，每次的清理工作均在早晨关灯后进行。

2. 性诱剂诱杀

斜纹夜蛾、甜菜夜蛾、烟青虫、棉铃虫可大面积应用性诱剂，根据虫情按每亩大田每种虫设2~3个诱捕器。在害虫多发期，盆内放水和少量杀虫剂或洗衣粉，把昆虫性诱剂诱芯悬挂于水面上方1~2厘米处，每亩放3~4个，可诱杀大量前来寻偶的害虫。

3. 设防护网阻拦

根据防控重点，选用40~60目的防虫网把棚室通风口密封，阻止蚜虫、白粉虱、斑潜蝇、烟青虫、棉铃虫等进入棚室。在虫害高峰期之前，用防虫网覆盖大棚和温室。

4. 色板、色膜驱避诱杀

用色板、色膜驱避诱杀害虫。如利用蚜虫、白粉虱、斑潜蝇等对黄颜色的特别趋性，用20厘米×40厘米黄板涂一层机油，悬挂棚室行间或株间，离辣椒株顶10~20厘米处，每亩悬挂40块标黄板。捕杀蓟马可用蓝色捕虫板。也可在田间铺设或悬挂银灰色膜驱避蚜虫。

5. 食物趋性诱杀

利用成虫有食物的优选趋性和补充营养的习性，在田间安置人工食源或种植蜜源植物进行诱杀。

三、生物防治

1. 利用天敌，以虫治虫

利用天敌防治虫害。防治蚜虫、飞虱、叶蝉等害虫可用七星瓢虫、蜘蛛、草蛉、捕食螨等捕食性天敌；防治茶黄螨可保护食螨瓢虫、钝绥螨、长须螨、食螨蓟马等；防治温室白粉虱和菜青虫、棉铃虫等可分别用丽蚜小蜂和赤眼蜂寄生性天敌。

2. 以菌治菌

芽孢杆菌、小单孢菌、假单孢菌、固氮菌、根瘤菌、放线菌等都可防治辣椒病虫害。 如根瘤菌的菌丝可抑制病菌的繁殖和病原物的活性；芽孢杆菌可防治辣椒炭疽病；苏云金杆菌制剂可防治棉铃虫。

3. 利用植物浸出液防虫

很多蔬菜的枝、蔓、叶、果等的滤液有防治虫害作用，防治效果大多在90%以上。如防治红蜘蛛、烟青虫、蚜虫等，可用丝瓜原液对20倍水喷施；防治地老虎可使用苦瓜叶原液对少量水灌根；防治蚜虫，可用南瓜叶原对2倍体积水和少量皂液喷施等。利用草木灰浸出液可有效防治蚜虫、白粉虱、斑潜蝇，一般每亩取10千克草木灰，对水50千克，浸泡24小时，用其上部澄清液喷雾。

4. 利用生物制剂

应用细菌、病毒、抗生素等生物制剂防虫治病。如可用3 000~4 000倍液72%新植霉素或农用链霉素防治软腐病、角斑病、疮痂病、青枯病等多种病害；可用核型多角体病毒或颗粒体病毒来防治棉铃虫、斜纹夜蛾等。苏云金芽孢杆菌制剂或2.5%多杀菌素1 000~2 000倍液防治烟青虫、棉铃虫等；可用科生霉素、春雷霉素1 000倍液防治疫病；阿维菌素及制剂、齐螨素、阿维虫清等防治茶黄螨。农抗120防治炭疽病、枯萎病；2%宁南霉素防治病毒病；1%农抗武夷菌素防治灰霉病。生物制剂一般在发病前或发病初期使用。

5. 高温堆肥

农家肥大多带有病菌和害虫，因此农家肥在使用前 1~2 个月进行堆肥，使堆内温度升高到 70℃ 左右，使其充分腐熟，杀灭其中的病菌和害虫，施入棚室后不会发生烧根现象，减少其挥发的有毒气体危害。

四、化学防治

农药的施用必须符合绿色食品农药使用准则（NY/T393-2013），宜选择最佳用药时期，减少用药次数；同时注意药剂的交替使用，合理混用，以延缓病菌或害虫抗药性的产生。保护地优先采用粉尘法和烟熏法。

开展化学防治，在病虫害预测预报基础上，研究掌握辣椒病虫害发生规律，抓住关键时期合理科学用药，减少农药用量，降低农药残留，达到绿色蔬菜生产标准和要求。对以下各种药剂可针对不同病虫害选择使用，均需在发病初期和低龄幼虫期，及时施药，轮换用药，每隔 7~10 天喷施 1 次，视病情和虫情可连续喷施 2~3 次，注意在采摘前半个月不能用药。

1. 病害防治药剂

设施辣椒病害常见病害主要有病毒病、立枯病、猝倒病、疫病、炭疽病、疮痂病、灰霉病、白粉病等。

防治病毒病，可用 20% 病毒速杀，或用病毒灵 500 倍液，或用 20% 吗啉胍·乙酮 500 倍液，或用 5% 的菌毒清 300 倍液；防治立枯病、猝倒病，可选用的药剂有 78% 代森锰锌 500 倍液，或用 72.2% 普力克水剂 600 倍液，或 50% 扑海因 800 倍液，或 72% 的克抗宁可湿性粉剂 800 倍液等；防治疫病，可用 75% 的代森锰锌 500 倍液，或用 600 倍液，或用 75% 的百菌清、64% 杀毒矾 500 倍液、72.2% 普力克 600 倍液等；防治青枯病，可使用 77% 可杀得 500 倍液，或用 50% 琥珀肥酸铜（DT）400 倍液，或用 14% 络氨铜 300~500 倍液；防治炭疽病，可用 65% 的福美双 600 倍液，或用 75% 百菌清 600 倍液，或用 65% 代森锌 500 倍液，或用 50% 异菌脲 1 500 倍液，或用 50% 腐霉利 1 000 倍液；

防治疮痂病，可用 14% 络氨铜 300 倍液，或用 77% 可杀得 500 倍液，或用 50% 的琥胶肥酸铜 400 倍液，或用 65% 代森锌 50 倍液。灰霉病防治，可用 50% 多霉灵可湿性粉剂 1 000 倍液，或用 28% 灰霉克可湿性粉剂 700 倍液，或用 50% 福异菌（灭菌灵）可湿性粉剂 800 倍液等。防治白粉病，可用 50% 醚菌酯水分散粒剂 1 500~3 000 倍液，或用 25% 吡唑醚酯菌乳油，或用 47% 加瑞农可湿性粉剂 600 倍液。

2. 虫害防治药剂

辣椒虫害主要有棉铃虫、蚜虫、茶黄满、红蜘蛛、烟青虫、白粉虱、小地老虎、蓟马等，防治蚜虫，可选用 10% 吡虫啉可湿性粉剂 1 500 倍液，或用 50% 抗蚜威 2 500 倍液，或用 25% 扑虱灵 1 500 倍液等；防治螨类，可选用 1.8% 虫螨克 3 000 倍液，或用 73% 克螨特 2 000 倍液，或用 1.8% 阿维菌素 4 000 倍液，或用 10% 吡虫啉可湿性粉剂 1 200 倍液，或用 20% 双甲脒乳油 1 500 倍液，或用 50% 溴螨酯乳油 1 000 倍液，或用 15% 达螨灵乳油 2 000 倍液等；防治小地老虎，可用 20% 菊马乳油 2 000 倍液，50% 辛硫磷乳油 1 000 倍液，或用 48% 毒死蜱乳油 1 000 倍液，或用 90% 敌百虫晶体 1000 倍液；防治棉铃虫、烟青虫，可用 20% 虫酰肼 1 500~3 000 倍液，或用 1% 甲维盐 2 000~3 000 倍液，或用 20% 多灭威可湿性粉剂 2 000~2 500 倍液，或用 4.5% 高效氯氰菊酯乳油 3 000~3 500 倍液，或用 25% 除虫脲可湿性粉剂 4 000 倍液，或用 1.8% 阿维菌素乳油 2 000 倍液，或用 5% 氟铃脲乳油 1 000 倍液等；防治白粉虱，可选用 1.8% 阿维菌素乳油 1 800 倍，或用 2.5% 菜蝇杀乳油 1 600 倍，或用 2.4% 威力特微乳剂 1 500 倍喷雾防治；防治蓟马，可使用 1.8% 阿维菌素乳剂，或用 20% 甲维·虫酰肼悬浮剂，或用 0.3% 苦参碱水剂，或 0.5% 藜芦碱可溶性液剂，或用 60 克/升乙基多杀霉素悬乳剂等。

第七章　棚室辣椒的采后处理、贮藏和运输

第一节　采后处理

一、采收

　　采收是辣椒生产的最后一个环节，也是辣椒商品化处理和贮藏加工的起始，只有适时采收才能获得耐贮藏的果实，以满足贮藏的需要。辣椒果实采收的成熟度与耐贮性有很重要的关系。确定辣椒的成熟度主要考虑果实的色泽、硬度、形状大小、生长期等。辣椒的成熟分四个阶段：成熟期、绿果期、转色期和晚熟期，不同品种采摘时期也不同；一般鲜食类的如果长期贮藏应选用果实已充分膨大，营养物质积累较多，果肉厚而坚硬，果面有光泽尚未转红的绿熟果；未熟果、开始转色或完熟的果实均不宜长贮；已显现红色的果实，由于采后衰老很快，也不宜长期贮藏；而制干用途的辣椒要选择充分红熟，色泽鲜亮时采摘。此外采收还要考虑采收后的用途、贮藏时间的长短、贮藏方法、运输距离的远近、销售期长短和产品类型等方面，以便在最适宜的条件下进行采收。

　　辣椒采收的原则是"及时、无损、保质、保量、减少损耗"。采收选择晴天的早晨露水干后进行，避免雨天和正午采收，采收时要避免机械损伤，可用采果剪或刀片剪断果柄，使果柄的切口平滑整齐，容易愈合，以减轻病菌感染。

二、采后处理

　　棚室辣椒采收后到加工出售的时间段内还会受到各方面的一些伤害，从而造成损失，例如贮存过程中受到一些动物及昆虫的啃食；原先椒果上携带的各种细菌真菌还会进一步侵染损害；装

卸、流通过程中的挤压、碰撞等会造成机械伤害；此外，采收后辣椒的呼吸作用还会消耗辣椒体内大量的有机化合物造成产量及品质的下降；椒果的蒸发失水等会使之失去新鲜饱满状态和脆嫩的品质从而影响商品价值，造成商品性质的下降，经济利益的损失。所以，在采摘后，要对辣椒进行正确的采后处理，才能保持辣椒的辣椒的风味、美观、新鲜和营养价值，延长市场供应期，增加经济价值。

（一）整理与清洗

棚室辣椒采摘后应及时去除非食用部分和残枝等，去除表面污物，剔除有机械损失、病虫害及畸形椒、腐烂椒、日灼椒、过小椒等。整理后的辣椒要用清洁水源洗去辣椒表面泥土、农药等，有条件的可以用 35~50℃热水或热空气处理 10 分钟，或者使用0.5% 不含氯的钙溶液浸泡 10 分钟。清洗后应立刻晾干辣椒表面水分，防止腐烂。

（二）分级

收获后的辣椒要进行分级，分级的目的是使之达到商品标准化。一般是在果型、新鲜度、颜色、品质、病虫害和机械损伤等方面符合要求的基础上，再根据大小分级分成不同的等级，以便包装和运输，实现"农超对接"和优质低价。

1. 辣椒质量分级

新鲜，果面清洁无杂质，无虫及病虫造成的损伤，无异味，是辣椒品质基本要求。在符合基本要求的基础上，辣椒分为特级，一级和二级（表 7-1-1）。

表 7-1-1　辣椒规格　　　　（单位：厘米）

形状	规格		
	大（L）	中（米）	小（S）
羊角形、牛角形、圆锥形长度	>15	10~15	<10
灯笼形横径	>7	5~7	<5

2. 辣椒大小分级

根据果实的不同形状，分别以长度和横径来划分辣椒的规格，分大、中、小三种规格（表 7-1-2）。

表 7-1-2　辣椒等级

等级	要求
特级	外观一致，果梗、萼片和果实呈该品种固有的颜色，色泽一致；质地脆嫩；果柄切口水平、整齐（仅适用于灯笼形）；无冷害、冻害、灼伤和机械损伤，无腐烂。
一级	外观基本一致，果梗、萼片和果实呈该品种固有的颜色，色泽基本一致；基本无绵软感谢；果柄切口水平、整齐（仅适用于灯笼形）；无明显的冷害、冻害、灼伤及机械损伤。
二级	外观基本一致，果梗、萼片和果实呈该品种固有的颜色，允许稍有异色；果柄劈裂的果实数不应超过 2%；果实表面允许有轻微的干裂缝及稍有冷害、冻害、灼伤及机械损伤。

（三）·包装

辣椒作为一种商品，就必须有包装。包装的好坏不仅影响辣椒的贮藏、运输性能、减少采后损失，而且还可改善辣椒的外观形象，提高产品质量与商品价格。包装是实现辣椒标准化、商品化的重要措施，能保证安全运输和储藏，同时包装也是商品地一部分，是贸易地辅助手段，便于流通过程中的标准化，有利于机械化操作。合理地包装可起到保护作用，减少机械损伤，减少病害蔓延和水分蒸发，保持良好的稳定性，提高辣椒地商品率和卫生质量。

辣椒的包装分为运输包装和商品包装两大类。

1. 运输包装

运输包装是中以运输储运为主要目的的包装，主要作用在于保护商品，防止在储运过程中发生损失，并最大限度地避免运输途中各种外界条件对商品可能产生的影响。好的包装可以减轻蔬菜运输过程中的损耗，否则会增加机械损伤，妨碍空气通透，降低蔬菜质量。现在市场上的包装主要包括塑料袋、纸箱、木箱、塑料筐、泡沫箱等方式（图 7-1-1）。塑料袋包装是使用较多的一种包装方式，常与其他包装方法结合使用，通常袋上打孔，并放入消石灰以吸收过多的二氧化碳；纸箱特别是瓦楞纸箱是目前最普遍的包装容器，它具有重量轻，弹性好，可折叠，便于装卸等优点，此外还具有缓冲性，能较好地抵抗外来冲击力，保护商品。但是一般纸箱怕水、怕潮湿，运输过程中怕雨淋、水浸。为解决此问题，可在纸箱上采用防水加固措施，刷涂水剂石蜡或防潮胶。为了避免果实之间的摩擦，一般在包装容器里衬垫纸板条等。

1. 泡沫箱　　　　2. 纸箱　　　　3. 塑料箱

图 7-1-1　常用包装容器

通常根据产品去向决定包装形式。长途运输的一般采用透气纸箱包装，利用保鲜包装袋对辣椒进行折口裹包，之后再装入纸盒。主要所选择的保鲜包装袋材料是以低密度聚乙烯（LdPE）为基材的保鲜膜。在本市上市的可采用透明塑料包装袋包装。一般情况下，纸箱多采用 10 千克装，纸箱的耐压强度在 300 千克以上，打孔；透明塑料袋采用 15 千克装，规格多为宽 50 厘米，高 80 厘米。将同一等级的产品整齐摆放于箱（袋）内。为避免堆放时发生的摩擦损伤，可以在大棚里直接装箱（袋），按照基地准出要求，在所有纸箱（袋）上贴上标有品名、产地、等级、生产编码、生产日期、添加剂名称的标签，最后将箱口（袋口）封牢。

2. 商品包装

商品包装一般分两种情况，一是外部大包装，需长途运输的需要加大包装，是为了保护里面的商品，便于运输、装卸的材料。大包装多用纸箱、大塑料筒，辣椒干用麻袋等。大包装要求坚固、耐压、有印刷、美观。二是商品小包装，即商品直接进入零销市场的包装材料，小包装要求尽可能使顾客看清内部蔬菜的情况，印刷精美，卫生无毒，有利于蔬菜商品的贮藏和保持质量。一般多用无毒塑料做成。

（四）预冷

预冷就是将采收后新鲜的果蔬在运输、贮藏或加工以前，迅速除去田间热，并冷却到所预定温度的过程。辣椒包装后要及时预冷，24 小时内将产品温度，预冷至贮藏温度。预冷处理可以达到减缓辣椒的呼吸，降低辣椒呼吸消耗，减少微生物的侵袭，以保持辣椒的新鲜度和品质，同时恰当的预冷可以减少产品的腐烂，最大限度地保持产品地新鲜度和品质。

预冷处理有自然预冷法和人工预冷法两种。前者是指将采后辣椒放置在阴凉通风处，利用夜间低温、冷风来除去产品的田间热，此法需时较长，不易达到适贮温度。一般常使用人工快速预冷，一般情况下，预冷温度不能太低，辣椒的温度应控制在 10℃以上。常见的人工预冷方法主要有以下几种。

1. 预冷库通风预冷

利用预冷库专用风机强制循环冷风使冷风吹到果蔬上，吹到包装容器周围或在包装容器周围循环来达到冷却果蔬的目的。通风冷却库的优点是造价比较便宜，适宜各种果蔬预冷。缺点是冷却速度比较慢，一般需 1~3 天才能冷却到预定温度，而且果蔬冷却也不太均匀。

2. 强制冷风预冷

又称差压预冷。在专用预冷库内设冷却墙，墙上开冷风孔，将装果蔬的容器堆码在冷风孔两侧或面对冷风孔。堵塞除容器通风孔以外的一切气路，用冷风机推动冷却墙内的冷空气，在容器两侧造成压差，强制冷空气经容器通风孔流经果蔬，迅速带走其热量。差压通风冷却的优点是，冷却速度比强制通风冷却要快2~6倍，果蔬从常温冷却到5℃左右，只需2~6小时的时间。

3. 水预冷

将木、塑箱装辣椒，浸泡在流动的冷水中，或用冷水喷淋。水的热容量大，冷却效果好，冷却时果蔬不会失水，通常20~50分钟时间可预冷到预定温度。缺点是对果蔬产品存在的污染问题。浸过水的果蔬不利于保鲜，需要迅速做风干处理。

4. 真空预冷

真空冷却是将果蔬放在密闭的容器中，通过真空仪，使产品表层水分在低压真空状态下汽化，由于水在汽化蒸发时吸热而使产品冷却。真空预冷的最大优点是冷却速度非常快且均匀。一般真空冷却的时间为20~30分钟。但是真空冷却装置的造价较高。

（五）防腐与保鲜

棚室辣椒采后在贮藏过程中容易受到微生物病菌的感染，发生腐烂，所以采后应进行防腐保鲜处理。通常使用保鲜剂防腐，即可以有效抑制病菌，又可降低辣椒的腐烂率。与低温贮藏搭配使用，保鲜效果更理想。为了保证辣椒的安全性，所选用的保鲜剂必须使用无毒无害的保鲜剂。目前常用的保鲜剂有以虾和蟹壳为原料制得的壳聚糖，其可在辣椒表面形成一层薄膜，可以抑菌、减少水分散失、调节气体交换，此外市场上使用较多的还有1-甲基环丙烯（1-MCP）保鲜剂和ST保鲜剂。

第二节　贮藏与运输

贮藏是实现辣椒周年供应、调节淡旺季矛盾的途径之一。辣椒的种类很多，作为贮藏或长途运输的辣椒在种植或采购时，应选择果实个头大，果肉厚且坚硬，颜色深绿、皮坚光亮的晚熟品种。

在采收时也要注意成熟度，要在充分长大，果皮深绿有光泽时采摘，成熟不充分的辣椒在贮藏过程中容易失水干缩，而过熟的又容易转红，发软。

一、辣椒贮藏的基本条件

（一）温度

贮藏温度是影响辣椒贮藏期的最关键的因素。贮藏温度高，呼吸作用旺盛，衰老加速，辣椒容易转红，腐烂。低温可以抑制辣椒呼吸作用，但温度过低，辣椒极易发生冷害。一般辣椒贮藏适温为8~12℃。低于7℃时易受冷害，而在高于13℃时又会衰老和腐烂，一般夏季辣椒的贮藏适温为10~12℃，冷害温度9℃；秋季的贮藏适温为9~11℃，冷害温度8℃。采用双温（两段温度）贮藏，将会使辣椒贮藏期大大延长。

（二）湿度

保证湿度也是辣椒贮藏的重要条件。研究表明要减少辣椒的水分散失，保持新鲜度，辣椒贮藏适宜的相对湿度为90%~95%。辣椒极易失水，湿度过低，会使果实失水、萎蔫。采用塑料密封包装袋，可以很好地防止失水。另外，辣椒对水分又十分敏感，密封包装中湿度过高，会加快病原菌的活动和病害的发展，造成果柄发黑长霉，果实腐烂。因此，装袋前需彻底预冷，保持湿度稳定，使用无滴膜和透湿性大的膜，加调湿膜，可以控制结露和过湿，也可以用无水氯化钙吸湿。

（三）气体

辣椒在进行呼吸作用的时候，消耗O_2，释放CO_2。当环境中O_2浓度偏低时，容易发生无氧呼吸。CO_2浓度偏高时，会对果蔬造成伤害，使果肉褐变，长斑。通过改变辣椒贮藏环境中气体成分的比例，适当提高环境中O_2浓度，降低环境中CO_2浓度，达到辣椒保鲜的目的。辣椒气调贮藏适宜的气体指标一般O_2为2%~7%，CO_2为1%~2%。包装内过高的二氧化碳积累会造成萼片褐变和果实腐烂。目前，国内外多采用聚氯乙烯（PVC）或聚乙烯（PE）塑料小包装进行气调冷藏，但贮藏中 CO_2 浓度往往偏高，需用 CO_2 吸收剂降低其浓度。

（四）防腐

辣椒贮藏必须做好防腐处理，否则将会造成大量腐烂。防腐和其他贮藏条件相结合，是辣椒贮藏中两个不可分割的重要环节。辣椒的防腐处理分为两个时段。一是采前 10~15 天之间的果实防腐；二是采后入贮贯穿整个贮藏期的防腐。辣椒的防腐部位主要集中在果梗和果实受伤部位。

总之，保持适温，防止失水，控制病害，避免二氧化碳伤害是辣椒贮藏技术的关键。

二、贮藏方式

辣椒常用的保鲜方法有常温储藏、冷藏、气调贮藏、保鲜剂处理贮藏、热处理贮藏等。

（一）常温储藏

利用自然调温维持贮藏的温度，使辣椒达到自发保藏的目的，主要是利用秋冬自然低温和一些简单的设施进行贮藏，具有简便易行、成本低廉的优点。要求储藏辣椒的场地必须阴凉通风。常用的方法有沟藏、缸藏、窖藏等。

1. 沟藏

利用土壤的保温、保湿来维持辣椒贮藏的适宜温湿度条件。沟的深度以 1.2~1.5 米为宜，宽度 1.0~1.2 米，在风障或墙的北侧遮阴处沿东西向挖贮藏沟，沟底铺湿沙，将青椒直接堆几层，或一层沙土一层辣椒层积几层，或装筐堆在里面，上面覆盖沙。随气温下降逐步再覆盖湿蒲包、秸秆等。前期注意通风散热，后期注意防寒保温，中间可适当检查，可贮 1~2 个月。

2. 窖藏法

在地下或半地下窖内，在消毒后的窖内地面上铺 1 层 3 厘米厚的湿沙，也可铺 1 层厚约 10 厘米的麦秸或稻草，将晾干后的椒果散堆贮藏，码放 4~5 层，并在椒的四周和顶层围盖上湿润的草席以保持湿度，也可筐装堆码，或架上堆贮。注意通风和控制窖内温度，前期通风降温，后期覆盖保温。开始 7~10 天检查 1 次，后期 15 天检查 1 次，发现烂椒应及时拣出。

3. 缸藏法

少量辣椒可以采用缸藏。贮前将缸内外洗干净，缸底垫 1 层秸秆，装入选好的辣椒，大缸装缸高的 1/2，小缸装缸高的 2/3，装好后缸口用牛皮纸或塑料薄膜封严。将缸放在空屋里，随外界气温下降，缸周围加盖草苫。10 天左右打开缸口检查 1 次，散散潮气，并挑出红果和烂果。

4. 埋藏法

在室内外均可进行埋藏。在干燥、通风的墙根处地上垫 1 层稻草或塑料薄膜，其上铺 1 层 3~5 厘米厚的草木灰，把经过挑选的青椒均匀地摆在上面，青椒上再覆 1 层草木灰，一层椒果一层灰，椒果中间要有孔隙。贮藏期间每 15~20 天检查翻动 1 次。覆层材料也可使用沙土、谷糠或稻壳，随着气温下降，逐渐加盖草苫。

常温贮藏受地区和季节的限制，并由于温湿度等条件不易控制，损耗较大，一般仅适于一家一户的小规模贮藏。

（二）冷藏

冷藏是果蔬贮运保鲜最基本的方法之一。主要是将辣椒放在温度较低的场所储藏，如冰箱冷藏室、冷库等。绝大部分品种的辣椒，其对于保鲜冷库温度的要求在 9~12℃，库内的相对湿度需要保持在 90%~95%，这种条件下辣椒的保鲜储藏周期可以保持在 2~3 个月。由于辣椒对于低温环境比较敏感，如若库内的温度低于 7℃ 的话，那么在储藏的过程当中就会导致辣椒出现冻害，表皮出斑点，颜色变暗，感染霉菌细菌出现腐烂变质等。

（三）气调贮藏

即调节气体贮藏，它是将产品放在一个密闭的环境中，调节

贮藏环境中的 O_2、CO_2 和 N_2 等气体的比例，并使它们维持在一定浓度范围内的贮藏方式。气调贮藏是目前较为理想的贮藏方法，利用气调贮藏辣椒，温、湿度可按需要调控，能明显抑制果实后熟变红，从而大幅度延长贮藏期。采用低温（9℃）、低氧（2%~7%）和较高浓度的二氧化碳（1%~2%），使辣椒呼吸作用降低，营养物质消耗减少，抑制贮藏物的代谢作用和微生物的活动，同时抑制乙烯的产生和乙烯的生理作用，从而使后熟衰老过程减缓，以使果蔬保持较好的品质并延长贮藏寿命；分为控制气调保鲜和改善气调保鲜。控制气调需气调贮藏库设备，它是在冷藏的基础上，增加气体成分调节，调控贮藏环境中温度、湿度、二氧化碳、氧气浓度和乙烯浓度等条件（图 7-2-1）。

图 7-2-1　气调库

改善气调保鲜是利用保鲜袋的选择透气性自发地调节保鲜袋内 CO_2、O_2 的浓度，是冷藏结合塑料小包装自发气调方式，冷藏温度为 9℃，湿度 90%~95%，最常用的保鲜袋是孔径为 1 毫米，孔密度为 30 个 /60 平方厘米的聚乙烯保鲜袋（PE）或聚氯乙烯保鲜袋（PVC）（图 7-2-2）。

图 7-2-2　气调袋

（四）热处理

是指在采后以适宜温度（一般在 35~50℃）处理果蔬，以杀死或抑制病原菌的活动，改变酶活性，改变辣椒表面结构特性，诱导辣椒的抗逆性，从而达到贮藏保鲜的效果。

三、贮藏主要病害及防治措施

（一）贮藏主要病害

辣椒主要贮藏病害有灰霉病、疫病、软腐病、果腐病（交链孢腐烂病）、根霉腐烂病、炭疽病等。其中真菌病害发生概率最多的为灰霉病、根霉腐烂病和果腐病等，细菌病害为软腐病。

（二）防治措施

1.田间防病和正确采收可有效减少病害发生

采后贮藏病害与田间病害是同一病原菌，如灰霉病、果腐病、疫病、炭疽病和软腐病等。发生这些病害的地块收获的果实往往带有大量病菌，或在田间就已感病，因此，田间防病和杀菌的各种措施对减少采后腐烂都很有效。很多病原菌是在果体有伤口时才能侵入，采收时要避免机械损伤用剪子或刀片剪断果柄，使切口平滑整齐，容易愈合，可减轻发病。

2.贮藏环境消毒

仓库、采收器具、果筐、果箱都可能是侵染源，所以在使用之前都要进行消毒。常用的环境消毒剂有硫黄、漂白粉等。

四、运输

运输在生产和消费之间起着非常重要的桥梁作用，是商品流通中不可少的重要环节。辣椒包装之后，只有通过各种运输环节，才能顺利到达消费者手中，实现产品的商品价值，同时还能起到周年供应，均衡上市，调剂余缺以及创造出口创汇的作用。

运输可看做动态贮存，运输振动强度，环境温度，湿度，空气成分及包装、堆码与装卸等因素都会影响到辣椒的品质。

（一）运输的方式和工具

当前对辣椒的运输主要有水路运输、铁路运输、航空运输以及公路运输等方式。在运输过程中要注意对环境的要求，要充分考虑到周围环境的振动、温度、湿度、气体成分、包装与否，以便把采集后的辣椒顺利运输到消费者手中。

1.公路运输

公路运输是最重要和最常用的运输方式。灵活性强，速度快，但造价较高。当前主要运输工具有普通运货卡车、冷藏汽车、冷藏拖车等（图7-2-3）。

2. 水路运输

是较为便宜的运输方式，运输量大，运输平稳，但受自然条件的限制较大，速度较慢。当前主要的运输工具有小艇、帆船、大型船舶、远洋货轮等，远途运输的有普通舱和冷藏舱（图7-2-4）。

图7-2-3　冷藏汽车

3. 航空运输

速度快，运输时间短，一般运输过程中无须制冷装置。但是因为运输价格昂贵，一般使用较少。

4. 铁路运输

适合长途运输，运输量大，运输速度快，运输振动小，费用低，连续性强。主要运输工具有普通篷车，通风隔热车，冷藏车等。普通篷车通过通风、加盖草帘、炉温加热等措施调节温湿度；通风隔热车具有隔热功能，可减少车内外热交换，投资少，造价低，耗能少。冷藏车车体隔热，密封性好，车内有制冷装置，常用的冷藏车有加冰冷藏车、机械冷藏车，冰冻板冷藏车（图7-2-5）。

图7-2-4　大型运输船舶

图7-2-5　冷藏集装箱

（二）运输的基本要求

1. 快装快运

运输的目的地是销售市场，加工厂，贮藏库，包装厂等，运输过程中的条件较为难以控制，所以运输中的各个环节一定要快，使辣椒迅速到达目的地。

2. 轻装轻卸

辣椒在装运过程中极易受伤而导致腐烂，所以要注意轻装轻卸，防治辣椒受伤害。

3. 防热防冻

温度直接影响辣椒的质量，必须在运输过程中加强对温度的控制，一方面防止辣椒日晒和雨淋；另一方面要合理进行遮盖和通风散热。冷藏卡车、加冰冷藏车、机械冷藏车、冷藏轮船等都配备了调温装置，能够保证产品的运输温度。

（三）运输的注意事项

（1）产品质量应该符合运输标准，成熟度和包装应该符合规定，并且产品新鲜，整洁未受损伤。

（2）组织快装快运，现货现提，尽可能缩短运输和送货时间。

（3）产品装运时，包装箱或包装袋应合理摆放、稳固、通风、防止挤压，堆码应安全稳当，目前较长使用的堆码方式为品字形堆码，井字形堆码，筐口对装堆码等方式。

（4）装卸时要避免碰撞、挤压，产品掉落等，应轻装、轻卸，防止装卸对产品的质量的伤害，目前一些大型公司、车站、码头已经实现了搬运装卸机械化，极大减少了装卸损失。

（5）运输工具应清洁、卫生、无污染、无杂物，做好消毒工作，还应该具有防晒、防雨、通风、控温和控湿措施。

（6）短途运输可不配备制冷装置，但是长距离的运输必须配备制冷装置，且在运输前进行预冷。

（7）辣椒运输过程中的温度和湿度应与贮存条件相同，并不宜与易产生乙烯的果蔬混运。

（四）低温冷链流通系统

为了保持果品的优良品质，从商品生产到消费之间需要维持一定的低温，即新鲜的果品采收后在流通、贮藏、运输、销售等一系列过程中实行低温保藏，以防止新鲜度和品质下降，这种低温冷藏技术连贯的体系称为低温冷链保藏运输系统。目前我国蔬菜物流发展迅速，已经大力发展了冷链流通系统。冷链物流是保持蔬菜采后品质，提高蔬菜物流质量，降低物流损耗最有效，最安全的方法。辣椒在离开棚室之后，到消费者餐桌之前，一直是在"冷链"中流通，如果冷链系统中任何一环缺失，就将破坏整个冷链系统的完整性和实施（图7-2-6）。整个冷链系统包含了一系列低温处理冷藏工艺和技术，其中低温运输在其中担负着联系的中心作用。冷链流通包含三个阶段：生产阶段（采后处理、贮藏阶段），冷链设施为冷库；流通阶段（冷藏运输阶段），冷链设施为各种运输工具；消费阶段（短期贮藏），冷链设施为冷柜或小冷库。

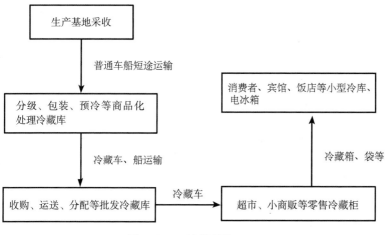

图 7-2-6　冷链系统

参考文献

胡永军，潘子龙，赵志伟，等.2013.SG-5-A-I 型日光温室结构创新与建造 [J].长江蔬菜（10）:42-44.

金国良，陈福东.2016.山东寿光地区辣(甜)椒品种现状及展望 [J].辣椒杂志（1）:2-3.

亢亚娟.2011.日光温室早春茬辣椒高产栽培要点 [J].吉林蔬菜（6）:7.

梁朝晖，陈慧.2012.辣椒不同嫁接方法及栽培对比试验 [J].长江蔬菜（22）:51-52.

李海，荆艳彩.2015.辣椒塑料大棚春提早栽培技术 [J].中国瓜菜,28（1）:57-59.

李磊，王光华.2011.日光温室越冬茬辣椒栽培技术 [J].上海蔬菜(3):30-31.

李晴，韩玉珠，张广臣，等.2009.国内外辣椒产业现状与发展趋势 [J].湖北农业科学，48（9）:2279-2280.

李永辉.2015.辣椒脐腐果、日灼果和僵果的发生原因及防治措施 [J].长江蔬菜（13）:49-50.

李兆防.2011.辣椒穴盘育苗技术 [J].蔬菜（10）:7-8.

刘炎梅.2011.秋冬辣椒无公害栽培关键技术 [J].广西农学报,26(4):89.

刘志明，安志信，井立军，等.2015.辣椒的种类、起源和传播 [J].辣椒杂志（4）:17-18.

任惠峰，刘登彪，盛万禄，等.2010.日光温室辣椒嫁接栽培技术 [J].宁夏农林科技（6）:150-151.

王海清，王建华.2015.淄博地区 V 型蔬菜日光温室建造技术规范 [J].农业科技通讯（11）:209-210.

王世德.2009.辣椒营养钵育苗技术 [J].西北园艺（1）:18.

吴俊英.2015.设施辣椒病虫害绿色防控技术 [J].现代农业（11）:22-23.

肖志茹，骆楠，郭晓莉，等.2006.宝鸡市线辣椒市场营销现状与对策 [J].陕西农业科学（2）:75, 122.

徐照师.2003.蔬菜高产栽培新技术 [M].长春：延边人民出版社.

杨建军，简红忠，高媛，等.2016.大棚秋延后辣椒栽培技术要点 [J].西

附

北园艺（9）:11–12.

杨许琴 . 2010 鲜辣椒贮藏保鲜技术 [J]. 农技服务 ,27（4）:536–548.

张效科 . 2013. 青海省循化县特色农产品营销创新探析 – 以线辣椒为例 [J]. 现代经济信息（12）:482–483.

张新民 . 2013. 塑料大棚秋延后辣椒高产高效栽培技术 [J]. 长江蔬菜（14）:48–49.

张有林 . 苏东华 . 2009. 果品贮藏保鲜技术 [M]. 北京 . 中国轻工业出版社 .

张子德 . 2002. 果蔬贮运学 [M]. 北京 . 中国轻工业出版社 .